中等职业教育计算机专业系列教材

计算机网络基础

第2版

主　编　范兴福　李宇明

参　编　林焕民　刘　磊　张　锋

　　　　万纲尊　范曙光　郭德仁

主　审　姜全生

U0218835

机 械 工 业 出 版 社

本书从内容先进性、理论通俗化和知识实用性的角度出发，由浅入深、循序渐进地讲解了计算机网络的基础理论和基本应用。本书主要内容是计算机网络和网络通信的基础知识和基本概念，以 OSI／RM 和 TCP／IP 为载体分析了网络体系结构、网络设备、网络布线、网络的安全与管理，并且简单介绍了无线局域网的有关知识、网络的一些最新设备和网络发展的最新动态。为了提高动手能力，书中还精心设置了七个计算机网络基础的实验。

为方便老师教学和学生学习，本书还配有电子教案、电子课件、素材及习题参考答案与分析。

本书不仅适合中、高职师生使用，也适用于广大计算机网络爱好者的学习使用。

图书在版编目（CIP）数据

计算机网络基础／范兴福，李宇明主编．—2 版．—北京：机械工业出版社，2009.2
（2022.6 重印）

中等职业教育计算机专业系列教材

ISBN 978-7-111-06878-5

Ⅰ．计…　Ⅱ．①范…　②李…　Ⅲ．①计算机网络—专业学校—教材　Ⅳ．TP393

中国版本图书馆 CIP 数据核字（2009）第 014762 号

机械工业出版社（北京市百万庄大街 22 号　邮政编码 100037）
策划编辑：孔熹峻　蔡　岩　　责任编辑：蔡　岩
责任校对：陈延翔　　　　　　封面设计：鞠　杨
责任印制：常天培

固安县铭成印刷有限公司印刷

2022 年 6 月第 2 版第 14 次印刷

184mm×260mm・12.5 印张・306 千字

标准书号：ISBN 978-7-111-06878-5

定价：42.00 元

电话服务　　　　　　　　　　网络服务

客服电话：010-88361066　　　机　工　官　网：www.cmpbook.com

　　　　　010-88379833　　　机　工　官　博：weibo.com/cmp1952

　　　　　010-68326294　　　金　书　网：www.golden-book.com

封底无防伪标均为盗版　　机工教育服务网：www.cmpedu.com

中等职业教育计算机专业
系列教材编审委员会

丛 书 序

《教育部关于公布全国中等职业教育首批示范专业（点）和加强示范专业建设的通知（教职成 [2002]14 号）》发布以来，示范专业成为中等职业教育教学领域改革、提高教育教学质量和办学效益的试验和示范基地。各国家级、省市级示范专业学校努力推进职业教育观念、专业建设机制的创新，增强职业教育适应经济结构调整、技术进步和劳动力市场变化的能力，全面实施素质教育，坚持为生产、服务第一线培养高素质劳动者和实用人才，在教学改革、教材建设方面取得了突出的成果。吴启迪副部长在全国职业教育半工半读试点工作会议上的讲话中更是指出"一定要强调高水平示范性学校的改革引领作用"。

在国家政策的引导和人才市场需求的双重作用下，中等职业教育招生规模逐年扩大，生源特点持续变化，专业设置和岗位培养目标不断调整，对中等职业学校的专业建设、课程建设、教材建设提出了很高的要求。

计算机类专业（网络技术应用、电脑美术设计与制作、初级程序设计等专业方向）是中等职业教育中招生规模最为庞大、开设学校最为普遍的专业之一，因而，亟需一批走在教学改革前列的国家示范专业学校，将最新的教学改革成果普及，引领、带动其他学校的进步，以达到教育部建设示范专业学校的目的。

机械工业出版社根据教育部建设示范专业学校的精神，为促进示范专业学校先进教学改革成果的推广，以服务广大中职学校，特组织教育部计算机示范专业学校（北京市信息管理学校等 7 所）、国家重点学校（10 余所）组织编写了本套丛书——中等职业教育计算机示范专业规划教材。

丛书特点如下：

1. 教材以先进的教学指导方案、课程标准为核心依据组织编写，丛书涵盖专业核心课程、专门化方向课程。

2. 编写模式采用"工作过程引领"、"项目驱动"等方式，增加图表比重。

3. 教材内容符合现今生源层次和就业岗位要求，以增加学生兴趣为第一要务，充分体现示范学校教学改革成果。

4. 教材均配有电子版教师参考书，或电子课件、配套光盘、习题参考答案、试题库、实训指导等，辅助教学，使教师容易上手教、学生容易上手学。

5. 篇幅适中，定价合理，充分考虑中职学生的经济承受能力。

6. 保证学生顺利跨越学校到职场的鸿沟。

经过参加编写的各位老师和机械工业出版社的共同努力，这套全新的中等职业教育计算机示范专业规划教材已经顺利完成编写，并将陆续出版。我们期待着这套凝聚了众多教育界同仁心血的教材能在教学过程中逐步完善，成为职业教育精品教材，充分发挥其示范性、先进性，为培养出适应市场的合格人才作出贡献！

北京市信息管理学校 校长 **韩立凡**

中国计算机学会职业教育专业委员会 主任

前　　言

计算机技术和现代通信技术的结合形成了计算机网络技术。计算机网络的迅猛发展，带动了信息技术（Information Technology，IT）的飞速发展，信息已成为人类赖以生存的重要资源之一。为了适应信息社会的要求，各级各类学校纷纷开设了计算机网络技术基础课程。中等职业学校开设计算机网络技术是社会发展的需要。本书对于中等职业学校和高等职业学校的全日制学生是一本量体编写的教科书；社会上各种网络培训班苦于找不到合适的教材，本书将为您提供全方位的教学内容；对于自学者，本书是一位循循善诱的向导，以建构主义教育理论为基础，引导您步入计算机网络技术的殿堂。

"计算机网络基础"是计算机网络技术专业的核心课程，也是基础课程。因为网络专业的其他课程都是以这部分知识为中心的；网络专业的所有技能的理论根基和结构定位都建立在"计算机网络基础"课程之上。通过学习本书，读者能对计算机网络技术专业的知识和技能领域有一个总体的认识和理解，对计算机网络技术专业的所有课程和技能都有一个准确的定位。同时，还能够对计算机网络的基本概念有一个清楚的认识，对必要理论有清晰的理解。另外，还可以了解计算机网络的最新产品和最新发展动态。

本书内容力求先进性，理论力求通俗化，知识力求实用性。在知识的前后、难易安排上主要依据建构主义教育理论和最新心理学的研究成果，特别是充分考虑了当前中职学生的思维特点。书中内容包括：① 概论（计算机网络基础知识），主要介绍计算机网络的发展和基本概念、计算机网络的层次体系结构（OSI /RM 和 TCP/IP）、网络实例。② 数据通信的基础知识，主要包括数据通信中与计算机网络密切相关的基本概念和理论、计算机网络中使用的传输介质、各种传输介质在具体网络中的使用情况等。③ 网络体系结构与协议包括 OSI/RM 和局域网体系结构。④ Internet 基础及应用，主要包括 Internet 的发展、功能及IP 地址的有关知识；包括 WWW、E-mail、FTP、DNS 等，结合学习者就业领域进行组织。⑤ 计算机网络设备（包含最新网络设备和技术介绍）。⑥ 网络布线。包括最新的网络布线规范的学习。⑦ 计算机网络管理基础和网络安全性。⑧ 无线局域网简介。⑨ 由于计算机网络发展的快速性，本书也紧跟时代的步伐，介绍了网络上的最新设备和计算机网络发展的最新动态。⑩ 为了提高动手能力，书中精心设置了七个计算机网络基础的试验。本书相对于第 1 版而言，无论从内容先进性还是讲解通俗化与科学化上，都有很大的创新。书中带 * 号的章节为选学内容（第 7.4、7.5 节，第 10 章）。为方便老师教学与学生学习，本书还提供以下配套材料：

- 电子教案便于老师备课。
- 精致课件便于教师授课和读者理解。
- 素材库便于老师为学习者演示图片和表格，也便于老师制作课件。

● 习题参考答案并作答案分析，帮助老师为学习者批改作业和讲解习题。

　本书由范兴福、李宇明任主编。参与编写的还有林焕民、刘磊、张锋、万纲尊、范曙光、郭德仁。全书由姜全生任主审。由于时间仓促，书中难免存在疏漏之处，敬请各位读者批评指正。

编　者

目　　录

第1章

导　学

　　"计算机网络基础"是计算机网络技术专业的基础课程，也是该专业的核心课程。只有学好了这门课程，才有可能在计算机网络的世界里纵横驰骋、自由发展。学好了本课程，你就能如虎添翼，在网络发展日新月异的时代里占领先机，做一个网络时代的领先人。

1.1　职业应用

1．专业发展前景

　　未来的社会是信息社会，信息的最大依托就是网络。因此，可以说"未来的社会就是网络的社会"。目前，互联网用户已超过 8.75 亿，网络成为企业发展的重要平台；网络专业已经成为最热门的专业之一。

2．就业形式

　　网络的快速发展带来的是专业人才的大量需求。

　　（1）网络系统集成　　毕业生可以从事校园网、企业内部网的规划设计与安装实施。

　　（2）网络系统维护与管理　　可以从事网络管理员，或在企业事业单位进行一般的网络维护。

　　（3）Internet 服务　　可以在专业的网站设计与开发公司任职，也可以在普通企事业单位进行网站开发与维护。

　　（4）市场业务　　可以从事网络硬件设备的销售及售后服务。

　　（5）网络编辑　　网络编辑专业已经得到社会的认可，其专业人才也越来越受到社会各界的需求。

1.2　新兵训练营

　　"计算机网络基础"是计算机网络技术专业的核心课程，也是基础课程。因为网络专业的其他课程都是以这部分知识为中心的；网络专业所有技能的理论根基和结构定位都在于"计算机网络基础"。

　　"计算机网络基础"课程支撑起了当今网络专业的两大方向，如图 1-1 所示。本书的第 2 章"计算机网络概论"，会使读者对计算机网络从专业上有一个整体的理解，包括它的产生与发展、功能与应用、拓扑与层次，这是网络建设必须的基础知识。第 3 章是"数据通信的基础"，网络的建设是否科学，维护能否最优。这些都是与数据通信的理论密切相关的。第4章"网络体系结构与协议"，是计算机网络大厦的基石。这部分从理论与实践两个角度来认识和理解计算机网络，是从事网络研究和应用活动的最重要的思想基础。第5章"Internet基础与应用"，其基础部分是进行网络建设与管理和网站建设与维护的必须知识（如 IP 地址的概念），应用部分的每一个分支都会有后续课程深入的讲解，是学习者就业的具体领域的入门引导和视野拓展。第6章"网络综合布线基础"，介绍了网络布线的最基本概念和国家的最新标准，在后续课程中有专门的实训课程来训练这方面的技能，是网络专业学生就业的热门方向，目前社会上这方面的人才奇缺。第7章"计算机网络设备"，是进行网络建设与管理的基础，学习者要了解最新的设备，才能跟上网络的发展。第8章"计算机网络管理基础和网络安全性"，介绍了学生就业的两个具体领域，尤其是网络安全性，这方面的人才现在是供不应求。第9章"无线局域网"，作为对有线网络的必要补充，也要求学习者能有一个基本的认识。第10章的"计算机网络基础实验"能帮助学习者将理论应用于实践。

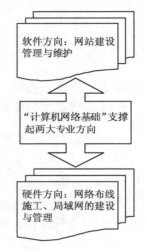

图 1-1 "计算机网络基础"支撑起两大专业方向

练 习 题

简答题

1）当今计算机网络的两大方向是什么？

2）计算机网络的就业领域有哪些？

3）你将来打算从事计算机网络的哪一方面的工作？

本 章 小 结

计算机网络技术专业将来的前景美好、就业领域宽广。"计算机网络基础"支撑起了当今网络专业的两大方向：网络建设与管理和网站建设与维护。

第2章

计算机网络概论

 职业能力目标

1）能明白计算机网络的产生与发展过程。

2）能理解计算机网络的功能和应用，从而清楚自己将来的就业方向是什么。

3）能理解计算机网络的组成和分类，从宏观上把握计算机网络的硬件系统和软件系统，能够分析清楚身边的计算机网络属于哪一类。

4）领会计算机网络的拓扑结构的意思，为将来进行网络建设打好基础。

5）对身边的计算机网络能从专业的角度进行分析，为将来的就业打好感情基础。

2.1　计算机网络的演变与发展

当今是一个网络的社会，因为知识化、信息化的社会是以网络为依托的。欲在当今激烈竞争的社会舞台中占有一席之地，学好计算机网络是明智的选择。虽然在我们的身边到处都存在着各种各样的计算机网络，然而你知道计算机网络是什么时候诞生吗？它发展到今天这个样子经历了哪几个阶段呢？将来它的发展方向又会是什么呢？

什么是计算机网络？对"计算机网络"这个概念的理解和定义，随着计算机网络本身的发展，人们提出了各种不同的观点。所以，我们先来看一下计算机网络的演变与发展，最后对计算机网络给出一个比较完整的定义。

2.1.1　计算机网络的诞生

计算机互联的设想，无疑是从实验室开始发展的。究竟从哪一时刻起，科学家想到了要将计算机相互连接在一起？

20世纪50年代末到60年代初，还在大型计算机一统天下的时代，美国大学校园里出现了计算机供不应求的危机。数以千计的学生来到机房申请处理数据的机时，却常常需要等待一个星期以上的时间才可能轮到一次。像IBM709那样的大型机，其计算速度足够应付这些人的所有要求，但由于每台计算机同时只能执行一个任务，浪费了大量的CPU时间。既然大型机大部分时间是闲着的，为什么不能让更多用户同时分享计算机的处理能力呢？

分享概念的提出，成为了通向联网的第一步。在这个过程中，麻省理工学院（MIT—Massachusetts Institute of Technology，MIT）和 MIT 林肯实验室功不可没。

林肯实验室创建于 1951 年。美国政府希望将计算机的优势用于军事目的，建立一个能使国家边境免遭空袭的半自动地面防御系统（SAGE—Semi-AutomaticGround Environment）。美国空军跑到麻省理工学院求援，希望把"旋风"（Whirlwind）计算机作为 SAGE 的主要部件。

"旋风"是 MIT 计算机实验室主任杰·弗雷斯特（J. Forrester）的得意之作。经过 4 年的努力，使它成为 20 世纪 50 年代初运算速度最高的计算机。MIT 召来了 400 名优秀的工程师，于是林肯实验室应运而生，主要从事远距离早期预警研究。

MIT 的教授约瑟夫·立克里德（J. Licklider）和计算机工程师卫斯理·克拉克（W. Clark）一次偶然的相遇，使他愈来愈固执地确信计算机将改变整个社会。他甚至天才地预测：未来无数的"家用计算机控制盘"将与电视连接起来，组成一张巨大的网，人们能与计算机进行真正有效的信息交流。

1960 年，心理学家发表了一篇重要的计算机研究论文《人机共生关系》。立克里德写道：人与其"合作伙伴电子计算机"将携手共创合作型决策方式，人机联手远比各自单干优越，工作会出色得多。立克里德在担任美国高级研究规划署（ARPA）信息处理技术处（IPTO）负责人期间，独具慧眼，看到了分时系统可以促进"人机共生"，于是，拨款资助 MIT 将一台 IBM 大型机进行再加工，增添了一批带有键盘的监视器终端，使一群终端的共享计算机拥有强大的处理能力。这基本上就是最早的一种分时系统，即把时间分割成片段实现多人共用一台计算机，但几乎感觉不到别人也在操作。这些终端分布于 MIT 校园各处，然后用导线与大型机连接。立克里德以他天才的思想和实践，点燃了网络第一束火炬。

麻省理工学院依托这种"联网"的终端组成了一个个计算机小组。MIT 的学生认为科幻游戏或许更能发挥计算机的优势，格拉兹（S. Graetz）等三位大学生编制出世界上第一款游戏程序"空间大战"（Space War），多个选手可以同时在"太空"里搏杀——这也是联网用户分时运行同一程序的第一个实例。

更重要的是，分时系统蹒跚学步，使林肯实验室的工程师们逐渐熟悉了人机交互和联网技术，一批计算机通信技术人才在这里成长，为即将进行的网络实验创造了有利的条件。到 20 世纪 60 年代末，世界上约有 3 万台大型机、分时系统和联网终端，越来越成为发挥这种价值数百万计算机能力的最明智的选择。

2.1.2 计算机网络的发展

早期的计算机系统是高度集中的，所有的设备安装在单独的大房间中，后来出现了批处理和分时系统，分时系统所连接的多个终端必须紧接着主计算机。20 世纪 50 年代中后期，许多系统都将地理上分散的多个终端通过通信线路连接到一台中心计算机上，这样就出现了第一代计算机网络。

1. 第一代计算机网络——远程终端联机系统

这一阶段主要在 20 世纪 50～60 年代，是以单个计算机为中心的远程联机系统，简称为远程终端联机系统，也称为面向终端的计算机网络。这样的系统除了一台中心计算机外，其余的终端都不具备自主处理能力，在系统中主要是终端和中心计算机的通信。虽然历史上也曾称它为计算机网络，但为了更明确地与后来出现的多台计算机互联的计算机网络相区分，现在也称为面向终端的计算机网络。20 世纪 60 年代初期，美国航空公司投入使用的由一台中心计算机和全美范围内 2 000 多个终端组成的飞机票预订系统 SABRE（Semi-Automatic Business Research Environment）就是这种远程联机系统的一个代表。

在远程联机系统中，随着所连远程终端个数的增多，中心计算机要承担的与终端间通信的任务也必然加重，使得以数据处理为主要任务的中心计算机增加了许多额外的开销，而实际工作效率下降。由此，出现了数据处理和通信的分工，即在中心计算机前面增加一个前端处理机 FEP（Front End Processor，有时也称为前端机）来完成通信工作，而让中心计算机专门进行数据处理，这样可以显著地提高效率。另外，提高远程线路的利用率，降低通信费用，在终端比较集中的地点设置终端控制器 TC（Terminal Controller）。终端控制器首先通过低速线路将附近各终端连接起来，再通过高速通信线路与远程中心计算机的前端机相连。如图 2-1 所示，图中 M 代表调制解调器（Modem），它是利用模拟通信线路远程传输数字信号必须附加的设备；T 代表终端（Terminal）。前端处理机和终端控制器也可以采用比较便宜的小型机或微型机来实现。这样的远程连机系统可以认为是计算机和计算机间通信的雏形。

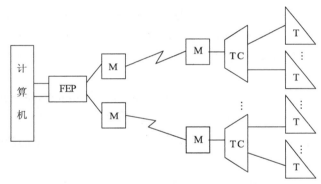

图 2-1　以单计算机为中心的远程联机系统

这一阶段的主要特点如下：

1）以主机为中心，面向终端。

2）分时访问和使用中央服务器上的信息资源。

2．第二代计算机网络——计算机－计算机网络

这一阶段是在 20 世纪 60 ～ 70 年代，多个主机通过通信线路互联起来，为用户提供服务，即所谓计算机—计算机网络。它和以单台计算机为中心的远程连机系统的显著区别在于：这里的多台计算机都具有处理能力，它们之间不存在主从关系。典型代表是美国国防部高级研究计划署协助开发的 ARPA 网（ARPAnet）。20 世纪 60 年代后期，美国国防部高级研究计划署 ARPA（Advanced Research Projects Agency）提供经费给美国许多大学和公司，以促进多台主计算机互联的网络研究，最终导致一个实验性的 4 节点网络开始运行并投入使用。ARPA 网后来扩展到连接数百台计算机，从欧洲到夏威夷，地理范围跨越了半个地球。ARPA 网中提出的一些概念和术语至今仍被使用。

ARPA 网中互联的运行用户应用程序的主计算机称为主机（Host）。但主机之间并不是通过直接的通信线路连接，而是通过称为接口报文处理机 IMP（Interface Message Processor）的装置转接后互联的，如图 2-2 所示。

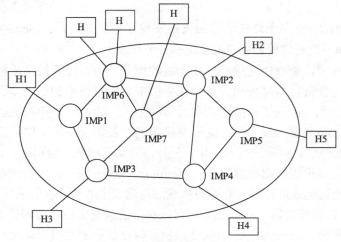

图 2-2 存储转发的计算机网络

当某台主机上的用户要访问网络上远地另一台主机时，主机首先要将信息送至本地直接与其相连的 IMP，通过通信线路沿着适当的路径经若干个 IMP 中途转接后，最终传送至远地的目标 IMP，并送入与其直接相连的目标主机。这种方式类似于邮政信件的传递，称为存储转发（store and forward）。

图 2-2 中 IMP 后来被通信控制处理机 CCP（Communication Control Processor）所取代，它们和通信线路一起负责完成主机间的数据通信任务，构成了通信子网（communication subnet）。通过通信子网互联的主机负责运行用户应用程序，向网络用户提供共享的网络软、硬件资源，它们组成了资源子网，如图 2-3 所示。

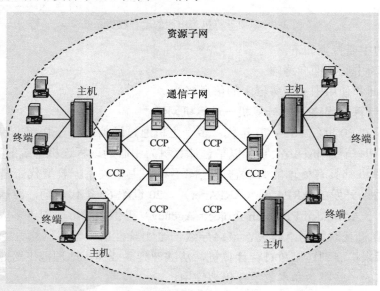

图 2-3 资源子网和通信子网的逻辑结构图

20 世纪 70 年代至 80 年代中第二代网络得到迅猛的发展。第二代网络以通信子网为中心。这个时期，网络概念为"以能够相互共享资源为目的互联起来的具有独立功能的计算机之集合体"，形成了计算机网络的基本概念。

第二代计算机网络具有划时代的意义。但是，第二代计算机网络有不少弊病，不能适应信息社会日益发展的需要。其中最主要的缺点是，第二代计算机网络大都是由研究单位、大学、应用部门或计算机公司各自研制的，没有统一的网络体系结构。为实现更大范围内的信息交换与共享，把不同的第二代计算机网络互联起来十分困难。因而，计算机网络必然要向更新的一代发展。

3．第三代计算机网络——开放式标准化网络

从 20 世纪 80 年代开始进入了计算机网络的标准化时代。这一时代的网络，具有统一的网络体系结构，遵循国际标准化协议。标准化使得不同的计算机能方便地互连在一起。

20 世纪 70 年代后期人们认识到第二代计算机网络的不足后，已开始提出发展新一代计算机网络的问题。国际标准化组织 ISO（International Standards Organize）在 1984 年正式颁布了一个称为开放系统互连基本参考模型（Open System Interconnection Basic Reference Model，OSI/RM）的国际标准 ISO 7498。该模型分为七个层次，也称为 OSI 七层模型，它被公认为新一代计算机网络体系结构的基础。ISO 与 CCITT（国际电报电话咨询委员会）还为这一参考模型的各层制定了一个庞大的 OSI 基本协议集。

20 世纪 80 年代初期，在 OSI 参考模型与协议理论研究不断深入的同时，Internet 技术也蓬勃发展，人们开发了大量基于网络通信协议（TCP/IP）的应用软件。该协议具有标准开放性的特点，随着 Internet 的广泛使用，TCP/IP 参考模型与协议最终成为了计算机网络的公认国际标准。

4．第四代计算机网络——信息高速公路阶段

从 20 世纪 80 年代末开始，局域网技术发展成熟，出现光纤及高速网络技术、多媒体、智能网络，整个网络就像一个对用户透明的大的计算机系统，发展为以 Internet 为代表的互联网。当前计算机网络的发展有若干引人注目的方向。首先是计算机网络向高速化发展。其次，早期的计算机网络中传输的主要是数字、文字和程序等数据，现在需要传输图、文、声、像等多媒体信息，而且对实时性和服务质量等方面都提出了更高的要求。目前，电话网、有线电视网和数据网三网融合是一个重要的发展方向。

2.1.3　计算机网络的定义

计算机技术和通信技术的飞速发展和紧密结合，导致了计算机网络的诞生。我们将地理位置不同，具有独立功能的多个计算机系统，通过通信设备和线路互相连接起来，使用功能完整的网络软件来实现网络资源共享的系统，称为计算机网络。

从定义中看出它涉及到三个方面的问题：

1）计算机网络是多个计算机集合的系统，至少两台计算机互联。

2）网络中的各计算机之间进行相互通信，需要有一条通道，即网络传输介质（如双绞线等）和通信设备（如调制解调器等）。

3）网络中各计算机之间的信息交换和资源共享，必须在完善的网络协议和软件支持下

才能实现。当然离不开网络操作系统。

触类旁通

知道了计算机网络的诞生，就不会对它有陌生感，原来计算机网络的诞生是社会发展的必然，也是有志者通过艰苦的实验开发的结果。了解了计算机网络的发展情况，会让我们进一步理解计算机网络的本来面貌，同时也为理解计算机网络的定义提供了深厚的知识和情感基础。

练 习 题

2-1-1 选择题

1）最早出现的计算机互联网络是（　　　）。

　　A．ARPANET　　　　　　B．Ethernet　　　　　　C．Internet　　　　　　D．Bitnet

2）第一阶段计算机网络的基本结构是（　　　）。

　　A．一台中央主计算机与一个终端

　　B．一台中央主计算机与多个终端

　　C．多台中央主计算机与多个终端

　　D．一台中央主计算机与多台具有独立数据处理功能的微机

3）第二代网络以（　　　）为中心。

　　A．中心计算机　　　　　B．通信子网　　　　　C．资源子网　　　　　D．服务器

4）要构成一个计算机网络，其中主机台数至少是（　　　）台？

　　A．1　　　　　　　　　B．2　　　　　　　　　C．3　　　　　　　　　D．4

2-1-2 填空题

1）计算机技术和_____的飞速发展与紧密结合，导致了计算机网络的诞生。

2）目前，电话网、有线电视网和_____三网融合是一个重要的发展方向。

2-1-3 简答题

1）计算机网络的发展经历了哪几个阶段？

2）简述计算机网络的定义。

2.2　计算机网络的功能和应用

上一节我们从计算机网络的演变与发展帮助读者了解了什么是计算机网络，本节我们将从计算机网络的功能和应用角度来说明为什么要建立计算机网络。

计算机网络的功能，是指计算机网络能为我们提供什么样的服务，是计算机网络本应具备什么样的能力；计算机网络的应用，是指我们人类如何利用计算机网络的功能，在哪

些领域可以使用计算机网络来帮助我们的工作。要求读者能理解为什么网络具有这些功能，对网络的应用领域能结合实际生活来理解。

2.2.1 计算机网络的功能

计算机网络最主要的功能是资源共享和数据通信。归纳起来，计算机网络具有如下一些功能。

（1）资源共享　　资源共享是指网络上的用户都可以在权限范围内共享网络中各计算机提供的共享资源。可共享的资源包括硬件资源（如网络打印机）、软件资源和数据信息等。这种共享，不受实际地理位置的限制。资源共享使得网络中分散的资源能够互通有无，大大提高了资源的利用率。这是组建计算机网络的重要目的之一。

（2）数据通信　　数据通信是计算机网络的基本功能，它使得网络中的计算机与计算机之间能够相互传输各种信息。比如收发电子邮件、实时 QQ 聊天等。

（3）均衡负载和分布式处理　　当某个主机负荷过重时，可以通过某种算法，将某些作业传送给其他主机处理，以便均衡负载，减轻局部负担，提高设备利用率。例如某大学的网站，访问量非常大，高峰期有很多想访问网点的人进不来。解决的办法之一是，把这个网站复制若干份，分别存放到不同的主机上，不同地区的人访问不同主机上的网站。

对于大型任务，可以采用适当的算法，将任务分散到各个主机上进行分布式处理（请读者自己想一个例子来理解分布式处理的概念）。对于许多综合性的重大科研项目的计算和信息处理，利用计算机网络的分布式处理功能，采用适当的算法，可将任务分散到不同的计算机上共同完成。

（4）提高计算机的安全可靠性　　网络中的计算机能够彼此互为备用，一旦网络中某台计算机出现故障，故障计算机的任务就可由其他计算机来完成，不会出现单机故障而使整个系统瘫痪的现象，增加了计算机的可靠性。

（5）综合信息服务　　利用计算机网络，可以在信息化社会实现对各种经济信息、科技情报和咨询服务的信息处理。计算机网络对文字、声音、图像、数字、视频等多种信息进行传输、收集和处理。综合信息服务和通信服务是计算机网络的基本服务功能，人们得以实现文件传输、电子邮件、电子商务、远程访问等。

2.2.2 计算机网络的应用

正因为计算机网络有如此强大的功能，使得它在工业、农业、交通运输、邮电通信、文化教育、商业、国防以及研究等领域获得越来越广泛的应用。

工厂企业可以用网络来实现生产的监测、过程控制、管理和辅助决策。

铁路部门可用网络来实现报表收集、运行管理和行车调度。

邮电部门可用网络来提供世界范围内快速而廉价的电子邮件、传真和 IP 电话服务。教育科研部门可利用网络的通信和资源共享来进行文献资料的检索、计算机辅助教育和计算机辅助设计、科技协作、虚拟会议以及远程教育。

国防工程能利用网络来进行信息的快速收集、跟踪、控制与指挥，如 2008 年 5 月 12 日的汶川特大地震发生后，国务院能做出最及时的抗震指挥，新闻媒体能做出最及时的报道，都是计算机网络应用的鲜活例子。

商用服务系统可利用网络实现制造企业、商店、银行和顾客间的自动电子销售转账服务或更广泛意义下的电子商务。

计算机网络的应用范围是如此广泛，我们难以一一枚举，请读者观察自己身边的计算机网络的应用例子，你会发现在现今的网络社会中，到处都有计算机网络应用的身影。

触类旁通

计算机网络的最基本功能是资源共享和数据通信。资源共享是建立计算机网络的目的，数据通信是实现资源共享的手段。均衡负载和分布式处理是以上面两个功能为基础的，没有数据通信就不可能实现分布式处理。正因为通过数据通信的手段对数据作了备份处理，才提高了计算机的安全可靠性。可联系 Internet 网络提供给我们的各种服务来理解综合信息服务。

对于计算机网络的应用，我们举了很多例子，其实读者还可以举出更多身边的例子，请做一位网络的有心人，从现实生活中发掘出计算机网络应用的更多好例子。

练 习 题

2-2-1 选择题

1）计算机网络最突出的优点是（   ）。

  A．精度高   B．内存容量大   C．运算速度快   D．共享资源

2）把一项大型任务划分成若干部分，分散到网络中的不同计算机上进行处理，称为网络中的（   ）。

  A．分布处理   B．资源共享   C．信息服务   D．办公自动化

2-2-2 简答题

1）计算机网络的功能有哪些？

2）列举出至少一个书上没有讲到的计算机网络的应用。

2.3 计算机网络的系统组成

计算机网络有如此广泛的应用，那么计算机网络系统是由什么组成的呢？我们身边有着各种各样的计算机网络，比如学校里有校园网，小区里有网吧等。计算机网络在网络规模、网络结构、通信协议和通信系统、计算机硬件及软件配置方面有很大差异，但不论是简单的网络还是复杂的网络，总可以从系统组成的角度来分析它们的构成元素有哪些。

要想在千差万别的计算机网络中找出其共性，最好从网络的定义出发。根据网络的定义，从系统组成讲，一个计算机网络主要分成计算机系统、数据通信系统、网络软件及协议三大部分；计算机网络是一个系统，任何系统总是具有一定的功能，从网络的定义已看出：计算机网

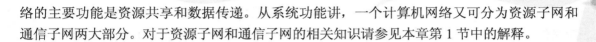

络的主要功能是资源共享和数据传递。从系统功能讲，一个计算机网络又可分为资源子网和通信子网两大部分。对于资源子网和通信子网的相关知识请参见本章第 1 节中的解释。

2.3.1　计算机系统

计算机系统是网络的最基本模块，主要完成数据信息的收集、存储、处理和输出任务，并提供各种网络资源。根据计算机在网络中的用途可分为主机和终端。在这里是沿用了 ARPAnet 中提出的两个概念。

（1）主机（Host）主机也称主计算机，负责数据处理和网络控制，并构成网络的主要资源。它主要由大型机、中小型机和高档微机组成。网络软件和网络的应用服务程序主要安装在主机中，在局域网中主机称为服务器（Server）。如果一个校园网接入了互联网，那么在互联网中，这个校园网上的服务器就被称为主机。

（2）终端（Terminal）　终端是网络中数量大、分布广的设备，是用户进行网络操作、实现人—机对话的工具。在局域网中，又称为工作站（Workstation）。如果一个校园网接入了互联网，那么这个校园网上的工作站，在互联网中就被称为终端。

2.3.2　数据通信系统

数据通信系统是连接网络基本模块的桥梁，它提供各种连接技术，主要由通信控制处理机、传输介质和网络连接设备等组成。

（1）通信控制处理机（CCP）　通信控制处理机主要负责主机与网络的信息传输控制。在微机局域网中，一般不需要配备通信控制处理机，但需要安装网络适配器，用来担任通信部分的功能，它是一个可插入微机扩展槽中的网络接口板（又称网卡）。

（2）传输介质　传输介质是传输数据信号的物理通道，用以将网络中的各种设备连接起来。分为有线传输介质（如双绞线、同轴电缆、光纤）和无线传输介质（如无线电和微波）。

（3）网络连接设备　网络互联设备是用来实现网络中各计算机之间的连接、网与网之间互联、数据信号的变换及路由选择功能。主要包括中继器、集线器、调制解调器、网桥、路由器、网关和交换机等。

2.3.3　网络软件系统

正像计算机是在软件的控制下工作的一样，网络的工作也需要网络软件的控制。网络软件一般包括网络操作系统、网络协议、通信软件以及管理和服务软件等。

1．网络操作系统（Network Operating System，NOS）

网络操作系统（NOS）是网络的心脏和灵魂，是向网络计算机提供网络通信和网络资源共享功能的操作系统。它是负责管理整个网络资源和方便网络用户的软件集合。由于网络操作系统是运行在服务器之上的，所以有时也称它为服务器操作系统。

目前局域网中主要存在以下几类网络操作系统：

（1）Windows 类　对于这类操作系统相信用过计算机的人都不会陌生，这是全球最大的软件开发商 Microsoft（微软）公司开发的。微软公司的 Windows 系统不仅在个人操作系统中占有绝对优势，它在网络操作系统中也具有非常强劲的力量。这类操作系统在整个局域网配置中是最常见的，但由于它对服务器的硬件要求较高，且稳定性能不是很好，所以微软的网络操作系统一般只是用在中低档服务器中。高端服务器通常采用 UNIX、Linux 或 Solairs 等非 Windows 操作系统。在局域网中，微软的网络操作系统主要有：Windows NT 4.0 Serve、Windows 2000 Server/Advance Server，Windows 2003 Server/ Advance Server，以及最新的 Windows 2008 Server 等，工作站系统可以采用任一 Windows 或非 Windows 操作系统，包括个人操作系统，如 Windows 9x/Me/XP 等。

（2）NetWare 类　　NetWare 操作系统虽然远不如早几年那么风光，在局域网中早已失去了当年雄霸一方的气势，但是 NetWare 操作系统仍以对网络硬件的要求较低（工作站只要是 286 机就可以了）而受到一些设备比较落后的中、小型企业，特别是学校的青睐。人们一时还忘不了它在无盘工作站组建方面的优势，还忘不了它那毫无过分需求的大度。且因为它兼容 DOS 命令，其应用环境与 DOS 相似，经过长时间的发展，具有相当丰富的应用软件支持，技术完善、可靠。目前常用的版本有 3.11、3.12 和 4.10、V4.11，V5.0 等中英文版本，NetWare 服务器对无盘站和游戏的支持较好，常用于教学网和游戏厅。目前这种操作系统的市场占有率呈下降趋势，这部分的市场主要被 Windows 类网络操作系统和 Linux 系统瓜分了。

（3）UNIX 系统　　目前常用的 UNIX 系统版本主要有：UNIX SUR4.0、HP-UX 11.0，SUN 的 Solaris8.0 等。它支持网络文件系统服务、提供数据等应用，功能强大，由 AT&T 和 SCO 公司推出。这种网络操作系统稳定性和安全性能非常好，但由于它多数是以命令方式来进行操作的，不容易掌握，特别是对于初级用户。正因如此，小型局域网基本不使用 UNIX 作为网络操作系统，UNIX 一般用于大型的网站或大型的企、事业局域网中。UNIX 网络操作系统历史悠久，其良好的网络管理功能已为广大网络用户所接受，拥有丰富的应用软件的支持。目前 UNIX 网络操作系统的版本有：AT&T 和 SCO 的 UNIXSVR3.2、SVR4.0 和 SVR4.2 等。UNIX 本是针对小型机主机环境开发的操作系统，是一种集中式分时多用户体系结构。因其体系结构不够合理，UNIX 的市场占有率呈下降趋势。

（4）Linux　　这是一种新型的网络操作系统，它的最大特点就是源代码开放，可以免费得到许多应用程序。目前也有中文版本的 Linux，如 REDHAT（红帽子），红旗 Linux 等。在国内得到了用户的充分肯定，主要体现在它的安全性和稳定性方面，它与 UNIX 有许多类似之处。但目前这类操作系统仍主要应用于中、高档服务器中。

总的来说，对特定计算环境的支持使得每一个操作系统都有适合于自己的工作场合，这就是系统对特定计算环境的支持。例如，Windows 2000 Professional 适用于桌面计算机，Linux 目前较适用于小型的网络，而 Windows 2000 Server 和 UNIX 则适用于大型服务器应用程序。因此，对于不同的网络应用，需要我们有目的地选择合适的网络操作系统。

2. 网络协议

通俗地说，网络协议就是网络之间沟通、交流的桥梁，只有相同网络协议的计算机才能进行信息的沟通与交流。这就好比人与人之间交流所使用的各种语言一样，只有使用相同语言才能正常、顺利地进行交流。从专业角度定义，网络协议是计算机在网络中实现通信时必须遵守的约定，也就是通信协议。主要是对信息传输的速率、传输代码、代码结构、传输控制步骤、出错控制等作出规定并制定出标准。

所以网络协议的定义可以描述为：为进行网络通信，为通信双方所作的标准、规则或约定。网络协议主要由三个要素组成：语法、语义和定时（交换规则）。

面对众多网络协议，我们可能无从选择。不过要是事先了解到网络协议的主要用途，就可以有针对性地选择了。本书中将比较深入地研究著名的 OSI/RM 及 TCP/IP 协议。

3．网络软件

通信软件是基于通信网络协议的基础上所开发的应用软件。如 QQ 聊天工具软件、GNViewer 全球可视通信软件 V1.50、清扬即时通信软件、即时办公 V1.11.11 等。

4．管理和服务软件

随着互联网技术的迅猛发展和企业技术信息在网络的广泛应用，网络安全管理日益变得重要且必不可少，安全问题不仅关系一个企业的核心竞争力，甚至与一个国家的国防也息息相关。在国外，网络管理产品发展比较成熟，起步较早，因此成为国内开发商纷纷借鉴和效仿的对象，不可否认，在国内同样涌现出一些高质量的自成一体的网络管理软件产品，如信息安全管理、网路岗（softbar.com）等。总之，网络安全管理已成为网络管理人员必备的素质，没有安全的网络隐患无穷，是一颗定时炸弹！

网络服务是互联网络运营的非常重要的内容，现在比较热门的网络服务有：虚拟主机服务、域名服务、网络推广／建站／维护服务、电子相册／网络硬盘服务、网络传真服务、手机图铃服务及其他的网络服务。不同的网络服务当然需要相应的服务软件。

触类旁通

对于计算机网络的组成，不同的教科书的说法可能不完全一致。有的书上只是讲了局域网的组成，而局域网中的有些概念或名词与广域网不同，广域网上很多概念是来源于APRAnet。例如广域网上"主机"的概念对应于局域网上的"服务器"的概念；广域网上"终端"的概念对应于局域网上的"工作站"的概念；广域网上"通信控制处理机"的功能，在局域网中是由"网卡"来实现的。

选择什么样的网络操作系统，是与构建网络的目的相关的，比如你所建的网络对安全保密性要求很高，就可以选择 Linux 类操作系统。

配备什么样的通信软件和管理软件，主要依个人的喜好。另外还要根据网络管理人员的水平和偏好，只要能完成网络的功能并保证网络的效率和安全即可。新的网络管理软件不断涌现，有经验的网络管理员会密切关注这方面的新成果。

练 习 题

2-3-1 填空题

1）从系统组成讲，一个计算机网络主要分成_____、数据通信系统、网络软件及协议三大部分。

2）广域网上的计算机系统又分为_____和_____两类，这两类在局域网中分别称为_____和_____。

3）数据通信系统是连接网络基本模块的桥梁，它提供各种连接技术，主要由通信控制处理机、_____和网络连接设备等组成。

4）网络软件一般包括网络操作系统、_____、通信软件以及管理和服务软件等。

2-3-2　简答题

1）目前局域网中常用的网络操作系统有哪些？

2）列举出至少一个书上没有讲到的网络通信软件。

2.4　计算机网络的分类

计算机网络的分类有多种方法，其分类依据不同，分类方法也不同。计算机网络主要有以下几种分类方式：按网络覆盖的范围可以将网络分为局域网、城域网和广域网；按网络拓扑结构可以将网络分为总线型网络、星形网络、环形网络、网状网络和混合型网络；按传输介质类型可以分为有线网和无线网；按在网络中信息的传播方式可分为点对点传播方式网络和广播式网络。

按网络覆盖的范围进行分类（实际上是按网络的规模来分的），不同规模的网络所采用的技术是不尽相同的。按网络拓扑结构分类，关键是要理解网络拓扑结构的概念，我们将在下一个任务中解决这个问题。网络中信息的传播方式也是比较抽象的，需要采用图示的办法来讲解它。

2.4.1　按网络覆盖面积分类

1．局域网

（1）局域网的定义、作用和特点　局域网，或称 LAN（Local Area Network），即计算机局部区域网，它是在一个局部的地理范围内，将各种计算机、外围设备、数据库等互相连接起来组成的计算机通信网，简称 LAN。"局部范围"指的是同一办公室、同一建筑物、同一公司和同一学校等，一般是方圆几千米以内。

局域网可以实现文件管理、应用软件共享、打印机共享、扫描仪共享、工作组内的日程安排、电子邮件和传真通信服务等功能。局域网是封闭型的，可以由办公室内的两台计算机组成，也可以由一个公司内的上千台计算机组成。

局域网具有以下特点：数据传输速率高；地理范围有限；码率低；易维护。

（2）局域网的典型实现技术　局域网作为日常生活中最常见的计算机网络，并不是千篇一律地采用同一个模式来构建，对于不同的网络规模、网络功能，在实现方法上也有所不同。目前常见的局域网实现技术有以下几种。

1）以太网（Ethernet）。以太网是指由 Xerox 公司创建并由 Xerox，Intel 和 DEC 公司联合开发的基带局域网规范。以太网络使用 CSMA/CD（载波监听多路访问及冲突检测）技术，并以 10Mbit/s 的速率运行在多种类型的电缆上。以太网与 IEEE802.3 系列标准相类似。它不是一种具体的网络，是一种技术规范。

以太网是当今现有局域网采用的最通用的通信协议标准。该标准定义了在局域网（LAN）中采用的电缆类型和信号处理方法。以太网在互联设备之间以 10Mbit/s ～ 100Gbit/s 的速率传送信息包，双绞线电缆 10Base T 以太网由于其低成本、高可靠性以及 10Mbit/s 的速率而成为应用最为广泛的以太网技术。

以太网的发展到目前为止分为四个阶段：标准以太网；快速以太网；千兆以太网；万兆以太网。

2）ATM（Asynchronous Transfer Mode），即异步传输模式。它的特征是信息的传输、复用和交换都以信元为基本单位。异步是指属于同一用户的信元并不一定按固定的时间间隔周期性地出现。ATM 信元是固定长度的分组，共有 53B，分为 2 个部分。前面 5 个字节为信头，主要完成寻址的功能；后面的 48B 为信息段，用来装载来自不同用户、不同业务的信息。ATM 交换是指把入线上的 ATM 信元，根据其信头上的 VPI（虚路径标识符）和 VCI（虚通路标识符）转送到相应的出线上去，从而完成交换传送的目的。由于 ATM 技术简化了交换过程，去除了不必要的数据校验，采用易于处理的固定信元格式，所以 ATM 交换速率大大高于传统的数据网，如 x.25、DDN、帧中继等。此外对不同业务赋予不同的"特权"，如语音的实时性特权最高，一般数据文件传输的正确性特权最高，网络对不同业务分配不同的网络资源。

3）FDDI（Fiber Distributed Data Interface），　即光纤分布式数据接口。它是由美国国家标准化组织（ANSI）制定的在光缆上发送数字信号的一组协议。FDDI 使用双环令牌，传输速率可以达到 100Mbit/s。由于支持高宽带和远距离通信网络，FDDI 通常用作骨干网。CCDI 是 FDDI 的一种变型，它采用双绞铜缆为传输介质，数据传输速率通常为 100Mbit/s。

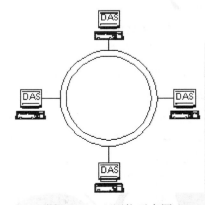

由光纤构成的 FDDI，其基本结构为逆向双环，如图 2-4 所示。一个环为主环，另一个环为备用环。当主环上的设备失效或光缆发生故障时，通过从主环向备用环的切换可继续维持 FDDI 的正常工作。这种故障容错能力是其他网络所没有的。

图 2-4　双环网络示意图

2．城域网

城域网（Metropolitan Area Network，MAN）基本上是一种大型的 LAN，通常使用与 LAN 相似的技术。之所以将 MAN 单独列出，其中一个主要原因是因为已经有了一个标准，即分布式队列双总线 DQDB（Distributed Queue Dual Bus），即 IEEE802.6。DQDB 是由双总线构成，所有的计算机都连接在上面。

3．广域网

（1）广域网的概念　广域网（Wide Area Network），简称 WAN，是一种跨越地域大、地域性的计算机网络的集合。通常跨越省、市，甚至一个国家。广域网包括大大小小不同的子网，子网可以是局域网，也可以是小型的广域网。

（2）典型的广域网技术

1）公共交换电话网（Public Switched Telephone Network，PSTN）。公共交换电话网络是一种常用的旧式电话系统。

公共交换电话网络是一种全球语音通信电路交换网络，包括商业的和政府拥有的。它也指简单老式电话业务（POTS）。它是自 Alexander Graham Bell 发明电话以来所有的电路交换式电话网络的集合。如今，除了使用者和本地电话总机之间的最后连接部分，公共交换电话网络在技术上已经实现了完全的数字化。在和互联网的关系上，PSTN 提供了互联网相当一部分的长距离基础设施。互联网服务供应商（ISP）为了使用 PSTN 的长距离基础设施，以及在众多使用者之间通过信息交换来共享电路，需要付给设备拥有者费用。这样互联网的用户就只需要对互联网服务供应商付费。

2）综合业务数字网（Integrated Service Digital NeTwork，ISDN）。综合业务数字网通俗地称为"一线通"。目前电话网交换和中继已经基本上实现了数字化，即电话局和电话局之间从传输到交换全部实现了数字化，但是从电话局到用户则仍然是模拟的，向用户提供的仍只是电话这一单纯业务。综合业务数字网的实现，使电话局和用户之间仍然采用一对铜线，也能够做到数字化，并向用户提供多种业务，除了拨打电话外，还可以提供诸如可视电话、数据通信、会议电视等多种业务，从而将电话、传真、数据、图像等多种业务综合在一个统一的数字网络中进行传输和处理。

3）不对称数字用户线（Asymmetric Digital Subscriber Line，ADSL）。它是一种通过现有普通电话线为家庭、办公室提供宽带数据传输服务的技术。ADSL 即非对称数字信号传送，它能够在现有的铜双绞线，即普通电话线上提供高达 8Mbit/s 的高速下行速率，远高于 ISDN 速率；而上行速率有 1Mbit/s，传输距离达 3～5km。ADSL 技术的主要特点是可以充分利用现有的铜缆网络（电话线网络），在线路两端加装 ADSL 设备并为用户提供高宽带服务。ADSL 的另外一个优点在于它可以与普通电话共存于一条电话线上，在一条普通电话线上接听、拨打电话的同时进行 ADSL 传输而又互不影响。用户通过 ADSL 接入宽带多媒体信息网与互联网，同时可以收看影视节目，举行一个视频会议，还可以用很高的速率下载数据文件，甚至还可以在这同一条电话线上使用电话而又不影响以上所说的各种活动。安装 ADSL 也极其方便快捷，在现有的电话线上安装 ADSL，除了在用户端安装 ADSL 通信终端外，不用对现有线路作任何改动。使用 ADSL 技术，通过一条电话线，以比普通 MODEM 快 100 倍的速率浏览互联网，通过网络学习、娱乐、购物，享受到先进的数据服务如视频会议、视频点播、网上音乐、网上电视、网上 MTV 的乐趣，已经成为现实。

2.4.2　无线网

一般来讲，凡是采用无线传输媒体的计算机网都可称为无线网。随着通信事业的高速发展，无线网进入了一个新的天地，它拥有以标准作基础、功能强、容易安装、组网灵活、即插即用、可移动性等优点，提供了不受限制的应用。网络管理人员可以迅速而容易地将它加入到现有的网络中运行。无线数据通信已逐渐成为一种重要的通信方式。无线数据通信不仅可以作为有线数据通信的补充及延伸，而且还可以与有线网络环境互为备份。在某种特殊环境下，无线通信是主要的甚至唯一可行的通信方式。

2.4.3 点对点传播方式网络和广播式网络

（1）点对点传播方式的网络　点到点网络由一对对机器之间的多条连接构成，在每一对机器之间都有一条专用的通信信道，因此在点到点的网络中，不存在信道共享与复用的问题。当一台计算机发送数据分组后，它会根据目的地址，经过一系列的中间设备的转发，直接到达目的端站点，这种传输技术称为点到点，采用点到点传输技术的网络为点到点网络，如图2-5所示。就像是某人通过很多人向朋友传递悄悄话一样，把一句话一个人一个人地传递下去，最后传到朋友的耳朵里。

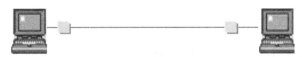

图2-5　点对点传播方式网络示意图

（2）广播式网络　在广播式网络中仅有一条通信信道，这条信道由网络上的所有站点共享。在传输信息时，任何一个站点都可以发送数据分组，并传到每台机器上，并被其他所有站点接收。而这些机器可根据数据包中的目的地址进行判断。如果是发给自己的则接收，否则，则丢弃。采用这种传输技术的网络称为广播式网络（Broadcast Network）。总线型以太网就是典型的广播式网络，如图2-6所示。就像是某人在大楼的走廊里喊一句话，会被走廊上所有的人听到一样。

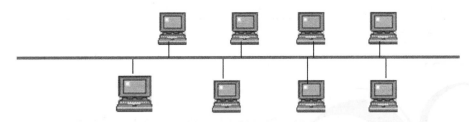

图2-6　广播方式网络示意图

一般来说，局域性网络使用广播方式；广域性网络使用点对点方式。

触类旁通

对于按网络的覆盖面积进行分类，有的人主张只分成局域网和广域网两类，而不再把城域网单独作为一类。这样的分法也是有道理的，实际上这样的分类是根据网络所采用的不同技术而作的区分。局域网的实现技术和广域网的实现技术是不同的，在本书中我们也大概地列举出了各自的一些典型实现技术。感兴趣的读者可以在课外查阅相关资料，来进一步研究它们各自的实现技术。

点对点技术（peer-to-peer，简称 P2P）又称对等互联网络技术，是一种网络新技术，依赖网络中参与者的计算能力和带宽，而不是把依赖都聚集在较少的几台服务器上。P2P 网络通过 Ad Hoc 连接来连接节点。这类网络可以用于多种用途，各种文件共享软件已经得到了广泛的使用。P2P 技术也被使用在类似 VoIP 等实时媒体业务的数据通信中。网络点对点技术主要用在广域网中，已经使用很久了，目前不少网络上的传信软件如 MSN、ICQ 都以点对点为主，只要有个完整的配对服务器进行终端配对，剩下的信息传递交由客户端网络之间的点对点传输，能减少网络服务器的压力与频宽。

广播式网络存在着信息安全的问题。

练 习 题

2-4-1 选择题

1）将计算机网络分为有线网和无线网的分类依据是（　　　）。

    A．网络的地理位置　　　　　　　　　B．网络的传输介质

    C．网络的拓扑结构　　　　　　　　　D．网络的成本价格

2）以下不属于局域网特点的是（　　　）。

    A．数据传输速率高　　B．地理范围有限　　C．码率高　　　　　D．易维护

2-4-2 填空题

1）计算机网络按网络覆盖的范围可以将其分为局域网、城域网和＿＿＿＿＿＿＿＿；按在网络中信息的传播方式分为点对点传播方式网络和＿＿＿＿＿＿＿＿网络。

2）典型的广域网技术有＿＿＿＿＿＿＿＿、＿＿＿＿＿＿＿＿和＿＿＿＿＿＿＿＿。

2-4-3 简答题

简述局域网的特点。

2.5　计算机网络的拓扑结构

我们可以把网络中的计算机以及各种设备（如交换机、路由器等）都看作为一个"点"，而连接各种设备的电缆看作为"线"，这样点和线的不同组合形式就构成了不同的集合图形，这种集合图形称为网络拓扑结构。简单地说，网络拓扑是指网络中各个端点相互连接的方法和形式。网络拓扑结构反映了组网的一种几何形式。常见的局域网的拓扑结构有总线型、星形和环形，另外还有树形和网状型。

由于计算机网络的拓扑结构不同，因此它所采用的传输介质、所需的网络设备和采用的网络技术也不一样。通过分析局域网的三种常见拓扑结构，可以加深我们对网络的理解，为将来进行网络规划、搭建和管理工作提供理论上的支持。

2.5.1 总线型拓扑结构

总线型拓扑结构采用单根数据传输线作为通信介质，所有的站点都通过相应的硬件接口直接连接到通信介质上，而且能被所有其他的站点接受。图 2-7 所示为总线型拓扑结构示意图。

总线型网络结构中的节点为服务器或工作站，通信介质为同轴电缆。

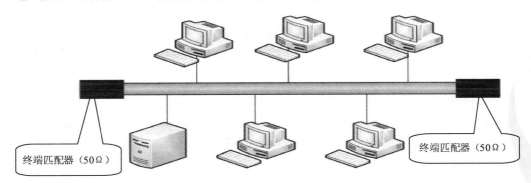

图 2-7　总线型拓扑结构示意图

1．总线上的通信

由于所有的节点共享一条公用的传输链路，所以一次只能由一个设备传输。这样就需要某种形式的访问控制策略，来决定下一次哪一个节点可以发送。一般情况下，总线型网络采用带冲突检测的载波侦听多路访问（Carrier Sense Mutiple Access Collision detect— CSMA/CD）控制策略。

所谓载波侦听（carrier sense），意思是网络上各个工作站在发送数据前都要检测总线上有没有数据传输。若有数据传输（称总线为忙），则不发送数据；若无数据传输（称总线为空），则立即发送准备好的数据。所谓多路访问（multiple access），意思是网络上所有工作站收发数据共同使用同一条总线，且发送数据是广播式的。所谓冲突（collision），意思是，若网上有两个或两个以上工作站同时发送数据，在总线上就会产生信号的混合。两个工作站都是同时发送数据，在总线上就会产生信号的混合，两个工作站都辨别不出真正的数据是什么。这种情况称数据冲突又称碰撞。为了减少冲突发生后的影响，工作站在发送数据过程中还要不停地检测自己发送的数据，有没有在传输过程中与其他工作站的数据发生冲突，这就是冲突检测（collision detected）。

其工作原理简单总结如下：

1）要发送信息的节点首先侦听媒体，若媒体空闲，则传输，否则转第 2）步。

2）若媒体忙，则一直侦听直到信道空闲，然后立即传输。

3）若在传输中监听到冲突，则发干扰信号通知所有站点。

4）等候一段时间，再次传输。

可以通俗地描述为：

先听后说，边听边说；一旦冲突，立即停说；等待时机，然后再说；听，即监听、检测之意；说，即发送数据之意。

在这种结构中，总线仅仅是一个传输介质，通信处理分布在各个站点内进行，是分布式控制策略的典型代表。

2．信号的反射与终端匹配器

数据或电子信号由某个节点发送给网络，并从传输介质的一端传送到另一端。当信号传送到传输介质的端点时，将会发生信号反射（就好像是对着墙打乒乓球，球会反弹回来），反射信号就会继续占据网络传输介质，这样就阻止了其他站点的信号发送。

为了消除信号反射，在传输介质的两端需要安装终端匹配器（如图 2-8 所示），用于吸收传送到电缆端点的信号（就好像是如果在墙上放上很厚的海绵，打在上面的乒乓球就不会反弹回来了）。

3．网络的扩展

总线是具有一定的负载能力的，因此总线的长度也就有限。如果需要增加长度，则可在网络中通过中继器等设备加上一个附加段，从而实现总线拓扑结构的扩展，这样也增加了总线上连接的计算机数量，如图 2-8 所示。

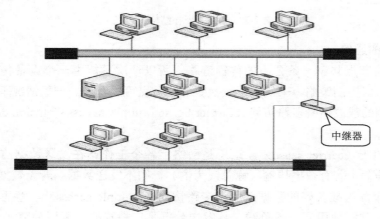

图 2-8　总线型网络扩展示意图

4．网络的特点

总线型拓扑结构的优点是：

1）网络结构简单，结点的插入、删除比较方便，易于网络扩展。

2）设备少、造价低，安装和使用方便。

3）具有较高的可靠性。因为单个结点的故障不会涉及整个网络。

总线型拓扑结构的缺点是：

1）故障诊断困难。因为总线拓扑网不是集中控制，所以，一旦出现故障，故障的检测需要在网上各个节点进行。

2）故障隔离困难。在总线拓扑网结构中，如故障发生在节点，则只需将节点从总线上去掉；如果是传输介质故障，则故障的隔离比较困难，整段总线要切断。

3）实时性不强。所有的计算机在同一条总线上，发送信息比较容易发生冲突，所以这种拓扑结构的网络实时性不强。

5．在现实中的应用情况

在现实应用中，总线型拓扑一般用于计算机数量较少的网络中，采用总线型拓扑结构的最常见的网络有 10Base2 以太网和 10Base5 以太网。总线型网络适合于家庭、宿舍组网，使用同轴电缆进行网络连接。

2.5.2　星形拓扑结构

星形拓扑结构是目前应用最广、实用性最好的一种拓扑结构。星形拓扑结构是由中央节点和与中央节点直接通过各自独立的电缆连接起来的站点组成。中央结点（交换机或集线器）位于网络中心，其他站点通过中央结点进行数据通信。无论在局域网中，还是在广域网中都可以见到它的身影，但主要应用于有线双绞线以太局域网中。图 2-9 所示的是最简单的单台集线器或交换机（目前集线器已基本不用了）星形结构单元。它采用的传输介质是常见的双绞线和光纤，担当集中连接的设备是具有双绞线 RJ—45 以太网端口，或者各种光纤端口的集线器或交换机。

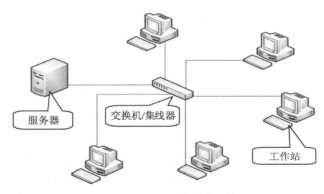

图 2-9　星形网络拓扑结构示意图

1．数据通信

星形拓扑结构可用集中式通信控制策略，所有的通信均由中央结点控制。一个站点需要传送数据时，首先向中央节点发出请求，要求与目的站点建立连接；连接建立完成后，该站点才向目的站点发送数据。由于网络上需要进行数据交换的站点比较多，所以中央节点必须建立和维护许多并行数据通路，这种集中式传输控制使得网络的协调与管理更容易，但另一方面，中央节点显然成为了网络速度的瓶颈。

星形拓扑采用的数据交换方式主要是电路交换，也有的采用报文交换。尤其是在多媒体星形网络中，采用电路交换可以获得较高的实时性。

2．网络的扩展

星形拓扑结构的网络，理论上说扩展是比较简单的，只需要将站点与中央节点的空余接口用一根网络连接线（如双绞线）直接连起来即可。如果中央节点没有空余接口，则通常采用增加一个中央节点，将两个中央节点采用级联的方式连接起来，再将节点与新中央节点连接，便可达到网络扩展的目的，如图 2-10 所示。

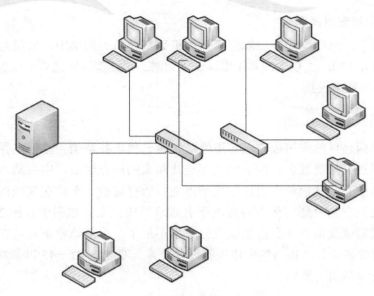

图 2-10　星形网络拓扑结构扩展示意图

3．网络的特点

星形网络拓扑结构具有以下一些优点。

1）易于故障的诊断与隔离（这一点与总线型拓扑结构正好相反）。集线器或交换机位于网线的中央，与各节点通过直连线直接相连，每条连接线都有相应的指示，所以故障容易检测和隔离。

2）易于网络扩展。无论是添加还是删除一个节点，在星形拓扑的网络中都是一个非常简单的事情，从中央节点上插入或拔下一个插头就能实现。当网络拓展较大时，可以采用增加中央节点的方法（如再增加一个交换机，把两个交换机级联起来，共同作为中央节点）。

3）具有较高的可靠性（这一点与总线型拓扑结构是相同的）。只要中央节点不发生故障，其他节点的故障不会影响到整个网络。

星形拓扑结构也有其明显的缺点：

1）过分依赖中央节点。整个网络能否正常运行，在很大程度上取决于中央节点能否正常工作，中央节点的负担很重。

2）组网费用较高。由于网络中每个节点都需要有单独的电缆连接到中央节点，所以星形网络所用的电缆很多，中央节点也是一个额外的负担。

3）布线比较困难。由于每一个节点都有一条专用电缆，所以当计算机数量较多、分布的位置比较分散时，如何进行网络布线就是一件很麻烦的事情。

4．在现实中的应用情况

星形网络是在现实生活中应用最广的一种网络拓扑，一般的学校或公司都采用这种网络拓扑组建局域网。常用的物理布局采用星形拓扑的网络有 10Base-T 以太网、100Base-T 以太网等。局域网的拓扑结构常采用星形或星形与其他类型相结合的拓扑结构。现在很多大学或公司都是采用多级星形结构来组建局域网。

2.5.3　环形拓扑结构

环形拓扑结构是由中继器和连接中继器的点到点的链路组成一个闭合环，计算机（工作站）通过和中继器接入这个环中，构成环形拓扑的计算机网络，如图 2-11 所示。

1．数据传递

环形拓扑结构中的数据传递方向是单向的，信息在环中只是沿着一个方向传递，每个中继器都能起到信号放大的作用，所以即使网络中的节点数量很大，也感觉不到信号的衰减，通常适合超大规模的网络。

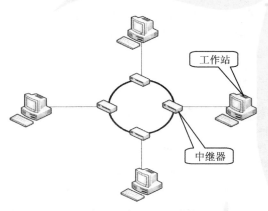

图 2-11　环形拓扑结构网络示意图

在环形拓扑结构网络中，主要采用分布式控制策略，也有的采用集中式，但需要专门的设备才行。环形拓扑结构的分布式控制策略常用的是令牌环。令牌环的基本原理是这样的：一个独特的标志信息帧被称为令牌，在网络空闲时，令牌绕着环不停旋转，只有获得令牌的节点才有权利发送信息。令牌有"忙"和"空"两种状态，当工作站准备发送信息时，首先要等待令牌的到来，当检测到一个经过它的令牌为"空"状态时，即可以发送信息，并将令牌置为"忙"。每个站点随时检测经过本站的信息，当查到信息帧中指定的目的地址与本站相同时，则复制下信息并继续向前传递，环上的信息绕环一周后回到发送站点予以回收。当然每个站点的发送时间是有限制的（即每个站点获得令牌的最长时间是有规定的）。

2．环形网络的特点

环形网络主要具有以下优点。

1）数据传输质量高。由于网络中的中继器对信号有再生放大的作用，因此信号衰减的极慢，适合于远距离传送数据。

2）适用于光纤。光纤传输速度极快，没有电磁干扰，环形拓扑结构是单方向传输，十分适用于光纤传输介质。

3）网络的适时性好。每两台计算机间只有一条通道，所以在信息流动方向上，路径选择简单，运行速度极高，可以避免数据冲突。另一方面，由于采用了令牌控制技术，使得每个站点的最长等待时间是已知的。

环形拓扑结构的缺点是：

1）网络扩展困难。由于网络是一个封闭的环，要扩充环的节点配置较困难，同样要关掉一部分已接入网的节点也不容易。

2）网络可靠性不高。在环上数据传输是通过接在环上的每一个节点，单个结点的故障会引起整个网络瘫痪。

3）故障诊断困难。某个节点发生故障会引起整个网络瘫痪，出现故障时需要对每一个节点都进行检测。

3．环形网络在现实中的应用情况

环形网平时用得比较少，主要用于跨越较大地理范围的网络，环形拓扑更适合于网间网等超大规模的网络。最常见的采用环形拓扑的网络主要有令牌环网、光纤分布式数据接口（FDDI）和铜线电缆分布式数据接口（CDDI）网络。

触类旁通

在以上三种网络拓扑结构中，总线型网络最简单，而且也最容易安装。如果要安装一个临时的小型网络，总线型拓扑结构应该是首选。但这种网络结构的最大缺点是一旦缆线连接处断开或是缆线出现故障，整个网络都将瘫痪，即网络的可靠性是一个很棘手的问题。

星形网络解决了总线型网络中"一点断开，全网瘫痪"的问题。但是整个网络过分依赖于中央节点，中央节点负担太重，因此对中央节点的要求很高。而且星形网络的布线是比较麻烦的。

环形网络也存在"一点断开，全网瘫痪"的问题，但是它与总线型网络不同的是，影响环网的原因不是反射信号，而是环网中令牌的传递通道被断开。很高的信号传输质量和较好的实时性是选择环形拓扑的主要理由。

局域网常采用星形、星形/环形、星形/总线型拓扑结构，而网际网（网际互联）的拓扑结构常采用网状结构，环形或总线型为主干网、分层的星形结构。

在实际组网过程中，我们要综合考虑各种因素来优化网络设计。拓扑结构的选择往往和传输介质的选择以及介质访问控制方法的确定紧密相关。选择拓扑结构时，应考虑的主要因素有以下几点：①可靠性。网络的性能稳定与否在很大程度上决定了网络的使用价值，网络的系统可靠性又决定了将来网络出现故障的概率和频率的大小。拓扑结构的选择要使故障检测和故障隔离较为方便才好。②扩充性。网络的可扩充性是与网络的拓扑结构直接相关的。由于网络的发展非常快，网络的规模会随时扩大。③费用高低。由于不同的网络拓扑结构所需要的网络传输介质和网络连接设备都不一样，因此我们需要考虑组网的费用高低问题。

练 习 题

2-5-1　选择题

1）以下（　　）结构需要中央控制器或者集线器。

  A．网状拓扑   B．星形拓扑   C．总线拓扑   D．环形拓扑

2）（　　）网络的缺点是：由于采用中央结点集中控制，一旦中央结点出现故障将导致整个网络瘫痪。

  A．网状结构   B．星形结构   C．总线型结构   D．环形结构

3）（　　）不是网络的拓扑结构。

  A．星形   B．总线   C．立方形   D．环形

4）如果网络由各个节点通过点到点通信链路连接到中央结点，则称这种拓扑结构为（　　）。

  A．总线型拓扑   B．环形拓扑   C．星形拓扑   D．树形拓扑

5）如果网络形状是由各个结点组成的一个闭合环，则称这种拓扑结构为（　　）。

    A．总线型拓扑　　　　　B．环形拓扑　　　　　C．星形拓扑　　　　　D．树形拓扑

6）如果网络形状是由一个信道作为传输媒体，所有的节点都直接连接到这一公共传输媒体上，则称这种拓扑结构为（　　）。

    A．总线型拓扑　　　　　B．环形拓扑　　　　　C．星形拓扑　　　　　D．树形拓扑

7）在总线型拓扑网络中，每次可以发送信号的设备数目为（　　）。

    A．1 个　　　　　　　　B．3 个　　　　　　　　C．2 个　　　　　　　　D．任意多个

8）下列拓扑结构中，需要终结设备的是（　　）。

    A．总线型拓扑　　　　　B．环形拓扑　　　　　C．星形拓扑　　　　　D．树形拓扑

9）只允许数据在媒体中单向流动的拓扑结构是（　　）。

    A．总线型拓扑　　　　　B．环形拓扑　　　　　C．星形拓扑　　　　　D．树形拓扑

10）下列（　　）结构是局域网中最常采用的。

    A．总线型拓扑　　　　　B．环形拓扑　　　　　C．星形拓扑　　　　　D．树形拓扑

11）计算机网络的拓扑结构实际上就是计算机网络中的（　　）的拓扑结构。

    A．资源子网　　　　　　B．通信子网　　　　　C．应用层　　　　　　D．表示层

12）采用集中式通信控制策略，所有的通信均由中央节点控制的拓扑结构是（　　）。

    A．星形　　　　　　　　B．环形　　　　　　　C．网状　　　　　　　D．总线型

13）网络拓扑可以根据通信信道类型分为两类（　　）。

    A．点对点和广播信道　　　　　　　　　　B．星形和树形

    C．有线广播　　　　　　　　　　　　　　D．无线广播

14）环形拓扑结构一般采用（　　）式管理。

    A．分散　　　　　　　　B．集中　　　　　　　C．统一　　　　　　　D．交互

15）以下属于总线型拓扑结构缺点的是（　　）。

    A．扩展困难　　　　　　B．故障诊断困难　　　C．依赖于中央结点　　D．电缆长度短

2-5-2　填空题

1）局域网的拓扑结构常见的有_____、_____和_____，另外还有树形和网状形。

2）选择拓扑结构时，应考虑的主要因素有以下三点_____、_____和_____。

2-5-3　简答题

1）什么是网络拓扑结构？

2）简述总线型网络拓扑结构的特点。

3）简述星形网络拓扑结构的特点。

4）简述环形网络拓扑结构的特点。

2.6　网络实例简介

2.6.1　小型网吧网络组网方案

由于目前许多地区的公安部门对网吧营业规模都提出了要求，如场地和计算机的台数

都有所规定，因此不同地区规定营业网吧计算机台数的要求也不同，像在青岛规定至少 50 台计算机。其他地区有些网吧要求有 20 台计算机后才允许营业。

针对小型网吧网络，其网吧营业面积相对较小（约 200 平方米以内），计算机数量相对较少，计算机摆设比较集中。虽然计算机台数不多，但网络的应用及性能需求却一点也不会少。

NETGEAR 对小于 50 台计算机的小型网吧网络的设计如图 2-12 所示。

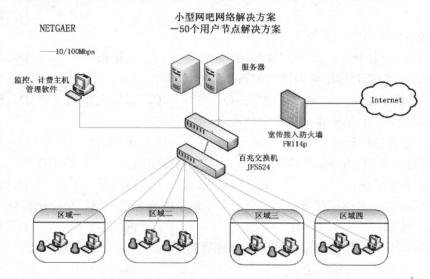

图 2-12　小型网吧网络解决方案示意图

1）以 2 台 NETGEAR 非网管机架式百兆交换机 JFS524 为中心。JFS524 非网管机架式交换机具有 2.4Gbit/s 线速的交换性能。提供 24 个 10/100M 端口接入，多达 4KB 的 MAC 地址表，每端口工作在 10M 或 100M 时，包转发速率为 14.8Kbit/s；最大延迟仅为 20μs/s；真正达到快速以太网所需的性能。

另外 JFS524 还具有每端口连接线正 / 反线自识别功能，方便了计算机网卡的连接；简明的 LED 状态显示，方便网管直观地查看交换机运行状况。

2）网吧的广域网接口设备。我们推荐采用 NETGEAR FR114P SPI 防火墙。FR114P 防火墙集网络地址转换（NAT）、路由器、交换机、防病毒、打印服务器功能为一体，是小型网吧网络的最佳选择。

FR114P 防火墙具有 1 个 WAN 端口，4 个 LAN 端口，1 个打印服务器端口。FR114P 的 10/100M WAN 接口能支持各种宽带方式的接入（xDSL，Cable Modem，以太网接入）；10/100M LAN 接口用于内部网络的连接。打印服务器端口可支持大多数品牌的打印机的连接，方便提供网吧用户急需要打印的服务。

FR114P SPI 宽带防火墙具有大于 15Mbit/s 的 Lan-Wan 吞吐量性能。内置 SPI（状态连接包检测）防火墙，可以避免内部网络免受来自互联网的攻击。同时内置的策略规则，提供了管理员各种手段的策略定义。比如，限制内部主机是否有权或哪个时间段可以使用互联网，对互联网上敏感的字或网站进行过滤。也可以根据定义及关闭服务端口来防止由内向外的病毒攻击。

FR114P 稳定的性能和低廉的价格是小型网吧方案最佳的购买选择。同时防火墙的稳定是网吧里网络的关键环节。

2.6.2　大型网吧网络组网方案

大型网吧里，计算机可能有几百台甚至上千台。有许多大型网吧为了便于管理，针对用户的不同应用情况，定制了不同的收费标准。像一般上网区、网络游戏区、视频聊天区，网上电影区（网吧服务器，互联网 VOD 点播）、贵宾区等。像视频聊天就比一般上网区每小时要贵 1 元。

针对大型网吧，不同的区域对网络带宽需求不一样，所以对网络设备的选择也不一样。如果我们在中心和接入都选择支持 VLAN 的交换机的话，合理的 VLAN 划分，既能有效地隔离广播，提高整个网络的使用性能，又能为网吧的管理提供方便。

另外，网络具有大容量，可以充分满足上网者对网络带宽的需求，同时也能提供网络设备快速的交换和处理。方案中的网络设备不会只起到网络互连的作用。因此，在提供高速交换的同时，可以对网络设备进行良好的控制，并基于硬件提供安全保障。

大型网吧网络解决方案设计如图 2-13 所示。

1）网吧的核心网络设备建议使用 NETGEAR GSM7312 千兆核心交换机；高性能价格比的 GSM7312 提供 12 个 10/100/1 000M 双绞线铜缆千兆端口和 12 个千兆 Mini SFP GBIC 插槽（与 10/100/1 000M 电口共享），24Gbit/s 的交换能力和 17.5Gbit/s 的线速路由转发能力将充分满足整个网络的性能需求，灵活的端口配置为网吧组网带来了最大的灵活性。GSM7312 核心列交换机支持多种形式的 VLAN 划分、端口镜像、RIPv1v2、OSPF、SNMPv1v2v3、IGMP 监听、802.1x 端口认证等丰富的软件特性集，并提供了丰富的包过滤和优先级设置功能及增强 QoS 功能特性，可以进一步增强网络的安全性以及适应不同网络应用的需求，是构建大、中型网吧网络中心的理想选择。

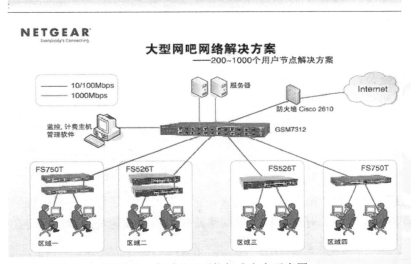

图 2-13　大型网吧网络解决方案示意图

2）接入交换机。根据网吧布线的设计原则，采用 NETGEAR 公司 FS750T/FSM526T 智能交换机作为接入层的交换机，向下可提供线速的 10/100M 端口的信息点接入，向上可采用千兆端口与中心交换机 GSM7312 进行连接。

FS750T 智能交换机提供 48 个 10/100M 端口，2 个 10/100/1 000M 端口。

FS526T 智能交换机提供 24 个 10/100M 端口，2 个 10/100/1 000M 端口。

FS750T 智能交换机具有 13.6Gbit/s 的背板交换能力，11Gbit/s 的包转发率。

FS526T 智能交换机具有 8.8Gbit/s 的背板交换能力，6.5Gbit/s 的包转发率。

NETGEAR 智能交换机具有简单网络管理的特性（Web），可以提供可网管交换机的丰富软件特性。从价格上比同档次可网管交换机要低得多，为网吧组网提供了最大的实惠。

智能交换机可方便地通过基于图形化的 Web 浏览器界面对交换机设备进行各种功能的配置，如实现交换机性能的监视、交换机端口配置，还可实现高级功能如设置链路中继（Trunking），建立基于端口和基于 802.1Q 的 VLAN 虚拟局域网（VLAN）以及服务质量设置（CoS）等。

3）以第三方厂商的路由器或防火墙连接互联网。如 NetScreen 100。

2.6.3 美国网件公司简介

全球中小规模网络解决方案 / 无线网络的先驱和领导者美国网件公司（NETGEAR）于 1996 年 1 月创立，长期致力于为中小规模企业用户与 SOHO 用户提供简便易用并具有强大功能的网络综合解决方案。截至到 2006 年 11 月，美国网件公司营业收入已经超过 5 亿美元，正向着年收入 10 亿美元的目标迈进。2006 年美国网件公司成立十个年头，列入德勤硅谷高科技、高成长 50 强。2007 年 7 月，NETGEAR 在中国的发展节节攀高，更在北京设立了全球研发测试中心。NETGEAR 被 Everything Channel 的 VARB usiness 评为 2008 年最高技术创新者。

练 习 题

思考题

1）请对锐捷公司作一下描述。

2）请对思科公司作一下描述。

3）请对华为公司作一下描述。

本 章 小 结

计算机网络从 20 世纪 50 年代诞生以来，它的发展经历了四代，即远程终端联机阶段、计算机—计算机网络阶段、开放式标准化网络阶段和信息高速公路阶段，现在更以迅猛的速度发展着。

计算机网络的主要功能是资源共享和数据传输，计算机网络的应用深入到我们生活的各个领域。

计算机网络从系统构成的角度看由以下三个部分组成：计算机系统、数据通信系统和网络软件及协议三大部分；从系统功能讲，一个计算机网络又可分为资源子网和通信子网两大部分。

计算机网络的分类标准不同，得到的分类结果也不一样。按网络覆盖的范围可以将网络分为局域网、城域网和广域网；按网络拓扑结构可以将网络分为总线型网络、星形网络、环形网络、网状网络和混合型网络；按传输介质类型可以分为有线网和无线网；按在网络中信息的传播方式分为点对点传播方式网络和广播式网络。

局域网中常见的网络拓扑结构有总线型、星形和环形，另外还有树形和网状形网络。选择网络拓扑结构要考虑的三个因素是：可靠性、扩充性和费用高低。

美国网件公司（NETGEAR）提供了很多网络产品，可以用来组建网吧等中小型网络，另外知名的网络公司请读者关注一下这三个公司：锐捷、思科和华为。

第3章

数据通信的基础

 职业能力目标

1）能理解数据通信的基本概念，从而为理解计算机网络中的数据传输打好基础。

2）掌握常用的物理传输媒体，从而为构建计算机网络时选择合适的传输媒体打好基础。

3）能理解传输技术和数据交换技术，从而为将来进行计算机网络中交换机和路由器的配置做好理论上的准备。

4）理解差错控制的基本思路，为将来进行网络管理打好基础。

通信技术的发展和计算机技术的应用有着密切的联系。数据通信就是以信息处理技术和通信技术为基础的通信方式，它为计算机网络的应用和发展提供了技术支持和可靠的通信环境。计算机网络就是通信技术和计算机技术结合的产物。

3.1 数据通信的基本概念

数据通信是一门独立的科学。涉及多方面的内容。它的任务是利用通信媒体传输信息。数据通信是研究用什么媒体、什么技术使信息数据化，并把信息数据从一个地方传输到另一个地方。以下主要从计算机网络的角度，讨论数据通信方面的基础知识。

数据通信是两个实体间数据的传输和交换，在计算机网络中占有十分重要的地位，它是通过各种不同的方式和传输介质，把分布在不同地理位置的终端和计算机，或计算机与计算机连接起来，从而完成数据传输、信息交换和通信处理等任务。

3.1.1 信息、数据和信号

1．信息

所谓信息是指以声音、语言、文字、图像、动画、气味等方式所表示的实际内容，它不随载荷符号的形式不同而改变。

2．数据

数据是载荷信息的物理符号。如，某同学各科平均考试成绩 99 分，这是一个数据，它所表示的信息是"该同学成绩优秀"。可见信息是数据的内在含义或解释，而数据是信息的表现形式。一般来说，有两种类型的数据：模拟数据和数字数据。模拟数据是指在某个区间产生的连续值。例如，声音、温度等。数字数据只是有限个离散值，例如字符串、1 ～ 100 之间的所有整数等。计算机中的信息都是用数据形式来表示的。通常我们所说的数据都是指数字数据。

3．信号

信号是数据的电编码、电磁编码或其他编码。例如，用＋5V 的电平表示"1"，用 −5V 的电平表示"0"，这就是电编码的例子。在磁盘上是以磁筹的不同排列来存储数据的，这就是电磁编码的例子，在光纤中数据是以光信号的形式进行传输的。

由于有两种不同的数据类型，所以信号也有两种类型：模拟信号和数字信号。所谓模拟信号是指在一定范围内可以连续取值的信号，是一种连续变化的电信号，它可以以不同的频率在介质上传输。而数字信号是一种离散的脉冲序列，它的取值是有限个数，它以恒定的正电压 / 负电压或正电压 / 零电压，表示"1"和"0"，可以用不同的位速率在介质上传输。如图 3-1a 表示模拟信号，图 b 表示数字信号。

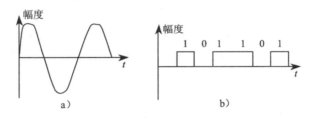

图 3-1　模拟信号和数字信号

4．信息、数据和信号之间的关系

通信的目的是为了交换信息，交换信息是通过交换数据实现的。而数据则是通过将数据转换为信号在网络中进行交换的。简单地说："信息是数据的内在含义或解释，数据是信息的载体，而信号是数据的编码"。

3.1.2　信道和信道容量

1．信道

信道是信号传输的通道，包括通信设备和传输媒体。这些媒体可以是有形媒体（如电缆、光缆）或无形媒体（如传输电磁波的空间）。信道按传输信号的形式可以分为模拟信道和数字信道。模拟信道用于传输模拟信号，数字信道用于传输数字信号。另外信道按使用权限可分为专用信道和共用信道；按传输介质可分为有线信道和无线信道。

2．信道容量

信道容量是指信道传输信息的最大能力，通常用信息速率来表示。单位时间内传送的比特数越多，则信息的传输能力也就越大，表示信道容量越大。信道容量由信道的带宽、可使用的时间及能通过的信号功率和噪声功率决定。信道容量的表达式如下：C = Hlog（1 + S/N）。公式中：H 为信道带宽（Hz）；S 为接收端信号的平均功率（W）；N 为信道内噪声平均功率（W）；C 为信道容量，即极限传输速率（bit/s）。

上式说明，当信号和噪声的平均功率给定后，即 S 和 N 已知后，且在信道带宽一定的条件下，在单位时间内所能传输的最大信息量就是信道的极限传输能力。

3.1.3 带宽与数据传输率

1．信道带宽

信道带宽是指信道所能传送的信号频率宽度，它的值为信道上可传送信号的最高频率与最低频率之差。带宽越大，所能达到的传输速率就越大。例如，若一条传输线路可以接收 600Hz 到 2 200Hz 的频率，则该传输线的带宽是 1 600Hz。普通电话线路的带宽一般为 3 100Hz。

2．数据传输率

数据传输率是指单位时间内信道上传输的信息量，即比特率。一般来说，数据传输率的高低由每传输一位数据所占用的时间决定，传输每一位所占用的时间越小，则速率越高。

一般情况下，数据传输率 S 可以用以下表示：$S = B\log_2^N$，式中 N 是调制电平数，B 是数字信号的脉冲频率，即波特率。

只有码元取 0 和 1 两种离散状态值的时候（即 N = 2 时），脉冲频率才等于数据传输率。在计算机网络中，通常取 N = 2，所以这时数据传输率和波特率是相等的。

3.1.4 数据通信系统模型

通信系统的基本作用是在发送方（信源）和接收方（信宿）之间传递和交换信息。根据通信系统是利用模拟信号还是数字信号来传递信息，通信系统可以分为模拟通信系统和数字通信系统。

1．模拟通信系统

模拟通信系统利用模拟信号来传递信息，如普通的电话和电视系统。模拟通信系统的模型如图 3-2 所示。

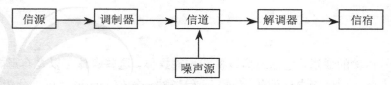

图 3-2　模拟通信系统的模型

人们日常使用的拨号上网就是一个模拟通信系统的实例，发送端工作站发送的数据经过调制解调器转换为模拟信号后，送到公共电话网上传输，到接收端再经调制解调器转换为数字信号后，与服务器通信。拨号入网是一种利用电话线和公用电话网 PSTN 接入 Internet 的技术。拨号接入网络系统的组成如图 3-3 所示。

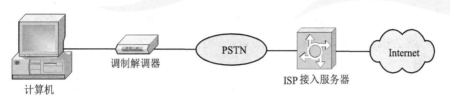

图 3-3　拨号上网连接示意图

2．数字通信系统

数字通信系统利用数字信号来传递信息，如计算机通信和数字电话等。数字通信系统的模型如图 3-4 所示。

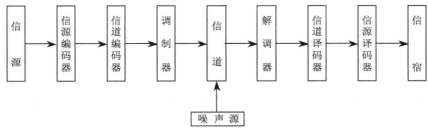

图 3-4　数字通信系统的模型

通过图 3-4 可以看出，与模拟通信系统相比，在信源和调制器之间增加了信源编码器和信道编码器。它们的作用是：如果信源发出的信号是模拟信号，则要经过信源编码器转换为数字信号；信道编码器对信号进行检错纠错编码以实现差错控制。在解调器和住宿之间增加了信道译码器和信源译码器。它们的作用实现编码器的逆变换。调制器将编码器输出的基带信号调制成频带信号在信道上传输；解调器的功能与调制器相反。

3．模拟通信系统与数字通信系统的比较

和模拟通信系统相比，数字通信系统抗干扰能力强，可以实现信号的差错控制，传输质量高，但数字通信所占的信道带宽远远大于模拟信道。

3.1.5　数据通信系统的主要技术指标

1．比特率

比特率是一种数字信号的传输速率，它标示单位时间内所传送的二进制代码的有效位数，单位用比特每秒（bit/s）或千比特每秒（Kbit/s）表示。

2．波特率

波特率是一种调制速率，也称波形速率。是指在数据传输过程中，线路上每秒钟传送的波形个数，其单位是波特（baud）。由于在计算机网络中大都采用二进制表示数据，所以波特率和比特率一般是相等的。

3．误码率

误码率指信息传输的错误率，即传输中出错码与传输总码数之比。是数据通信系统在正常工作情况下，衡量传输可靠性的指标。如果 N 是传送的总位数，n 是出错的位数，则误码率 $P = n/N$。

在数据通信系统中，可以采用各种差错控制技术对出现的差错进行检查和纠正，如果误码率过高，就会极大地降低数据通信的效率。

4．吞吐量

吞吐量是单位时间内整个网络能够处理的信息总量，单位是 KB/s 或 bit/s。显然比特率越高则吞吐量越大。

5．信道的传播延迟

信号在信道中传播，从信源到达住宿所需的时间叫做传播延迟（或时延）。这个时间与信源端和住宿端之间的距离有关，也与具体信道中的信号传播速度有关。时延的大小与采用什么样的网络技术也有很大的关系。

练 习 题

3-1-1　选择题

1）数据传输速率在数值上等于每秒传输构成数据代码的二进制比特数，它的单位为比特/秒，通常记作（　　）。

    A．B/s　　　　　　　　B．bit/s　　　　　　　　C．bpers　　　　　　　　D．baud

2）（　　）是数据的电编码或电磁编码，它可以分为两种，模拟信号和数字信号。

    A．数据　　　　　　　　B．消息　　　　　　　　C．信号　　　　　　　　D．编码

3）一定数值范围内连续变化的电信号是（　　）。

    A．模拟信号　　　　　　　　　　　　　B．数字信号

    C．文本信息　　　　　　　　　　　　　D．逻辑信号

3-1-2　填空题

1）简单地说："信息是数据的＿＿＿＿＿，数据是信息的＿＿＿＿＿，而信号是数据的＿＿＿＿＿"。

2）＿＿＿＿＿＿的基本作用是在发送方和接收方之间传递和交换信息。模拟通信系统是利用＿＿＿＿信号来传递信息，数字通信系统利用＿＿＿＿信号来传递信息。

3）数据通信系统的主要技术指标有＿＿＿＿＿、＿＿＿＿＿、＿＿＿＿＿、＿＿＿＿＿和＿＿＿＿＿。

4）根据通信系统是利用模拟信号还是数字信号来传递信息，通信系统可以分为模拟通信系统和＿＿＿＿＿。

3-1-3　简答题

1）数字通信的四个优点是什么？

2）数据通信系统的主要技术指标是什么。

3.2　物理传输媒体

物理传输媒体是通信中实际传送信息的载体。计算机网络中的物理传输媒体可分为有线和无线两大类。

3.2.1 有线传输介质

1. 双绞线

双绞线（twisted pair）是一种经常使用的物理传输媒体。相对于其他有线物理传输媒体（同轴电缆和光纤）来说，它的价格便宜也易于安装和使用。它使用一对或多对相互缠绕在一起的铜芯电线来传输信号。由于两个平行的导体会产生相互串扰，所以双绞线通过将两个铜线均匀绞接来抵销信号的干扰。双绞线一般用于星形网的布线连接，两端安装有 RJ-45 头（水晶头）、连接网卡与集线器，最大网线长度为 100m 左右。

双绞线电缆由绝缘的彩色铜线对组成，每根铜线的直径在 0.4mm ～ 0.8mm，两根铜线互相缠绕在一起。将两根铜线缠绕在一起有助于减少噪声影响。在一对电线中，每英寸的缠绕越多，对所有形式的噪声的抗噪性就越好，但缠绕率高也将导致信号更大的衰减。 图 3-5 展示了双绞线的一个现实产品。

双绞线电缆可以分为屏蔽双绞线和非屏蔽双绞线两大类。

（1）非屏蔽双绞线 非屏蔽双绞线（UTP，Unshielded Twisted Pair）电缆包括一对或多对塑料套包裹的绝缘线对。图 3-5 所示为 4 对非屏蔽双绞线，其截面结构如图 3-6 所示。

图 3-5 双绞线电缆

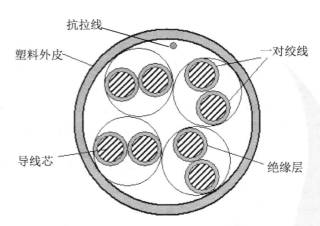

图 3-6 非屏蔽双绞线截面图

UTP（非屏蔽双绞线）主要分为 3 类 /4 类 /5 类 / 超 5 类 /6 类几种，一般网络主要使用的是 5 类双绞线，5 类双绞线外层保护胶皮厚，胶皮上标注 "CAT5" 字样。超 5 类双绞线属非屏蔽双绞线，与普通 5 类双绞线比较，超 5 类双绞线在传送信号时衰减更小，抗干扰能力更强，在 100M 网络中，用户设备的受干扰程度只有普通 5 类线的 1/4，其也是目前应用的主流。

（2）屏蔽双绞线 STP 的双绞线内有一层金属隔离膜作为屏蔽层（如图 3-7 和图 3-8 所示），在数据传输时可减少电磁干扰，所以它的稳定性较高。而 UTP 内没有这层金属膜，所以它的稳定性较差，但它的优势就是价格便宜。其中 STP（屏蔽双绞线）主要分为 3 类和 5 类两种线，现在比较新的是 7 类每对屏蔽双绞线，如图 3-9 所示。

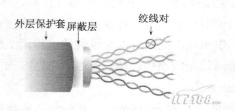

图 3-7 屏蔽双绞线示意输图   图 3-8 屏蔽双绞线实物图

（3）双绞线的选购 双绞线唯一的缺点就是传输距离较短，只能达到 100m，所以在布线的时候，如果使用星形拓扑结构，覆盖的范围只能达到 200×200m。

从性价比和可维护性出发，现在大多数局域网都使用非屏蔽双绞线（UTP），大家平时所购买的网线就是这种非屏蔽双绞线（UTP）。

国际通行的 EIA/TIA-568 网线标准将双绞线分为 3 类、4 类、5 类、超 5 类、6 类、7 类等 6 种。3 类、4 类双绞线适合应用于老式 10Mbit/s 标准网络，而 5 类是目前 100Mbit/s 网络的标配产品，超 5 类则可以应用于 1 000Mbit/s 网络。而且 5 类、超 5 类等都兼容低级网络。

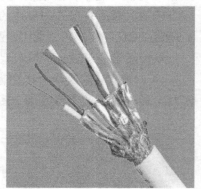

图 3-9 7 类每对屏蔽双绞线

我们推荐大家选购超 5 类网线方便未来使用 1 000Mbit/s 网络。不过目前市场上有很多用 3 类或 4 类网线假冒的 5 类和超 5 类网线，也有一些冒牌货出现。要分辨它们大致有以下几种方法：

1）外包装的质量。市场上的双绞线都是成箱出售的，每箱为 300m。真品双绞线的包装纸箱材料应较好而且印刷得比较清晰，而且大多数情况下纸箱外都有防伪标签。

2）双绞线外壳的做工。双绞线的绝缘皮上应当印有产地、执行标准、产品类别、线长等信息。五类线的标识是"cat5"，超五类线的标识是"cat5e"，六类线的标识是"cat6"。而外皮上印有"CAT5"、"5E"等包含大写字母字样的产品往往是比较可疑的。如果您用力搓一下可疑双绞线表面印刷的字样，很可能会把这些字的颜色搓掉。

3）双绞线能否轻易弯折。正规厂商在制作网线时会考虑到网线需要弯曲，在制造中他们会让双绞线的外皮比较柔韧、可以伸展。生产劣质线的奸商为了节省成本往往会偷工减料，而这样做的后果就是网线弯折后难以复原。将一根网线对折，如果它可以弹出原状则表明它就是真品。

4）外皮是否有阻燃性。为了保证安全，普通火焰是点不燃双绞线的。用打火机点好火直接对着外皮，好网线的外皮会在烧烤之下逐渐熔化变形，但不会燃起来。

5）双绞线的绞合方式。品质良好的双绞线不但每一线对都按逆时针方式绞合，而且四对线之间还会按逆时针方式绞合。平均绞合一圈的线长称为绞合密度，一般超 5 类线比 5 类线的绞合密度大，5 类线的绞合密度则比 3 类大。假线绞合密度小，会看上去比较松。

6）双绞线中芯线的颜色。如果我们剥开双绞线的外层胶皮，就可以看见里面的 4 对 8 根芯线，它们分别是白橙、橙、白绿、绿、白蓝、蓝、白棕和棕色。3 类线只有 4 根芯线，只有将部分芯线染色才能把它伪装成 8 根芯线的 5 类线。所以，用力去搓假冒伪劣线的芯线会掉色。

7）回家实测。在家里计算机与计算机之间通过"网上邻居"复制文件，由于 3 类线所能达到的最快 LAN 速率是 20Mbit/s（2.5Mbit/s），所以只要复制速率大于 2.5Mbit/s 就可以证明网线是否支持 100Mbit/s 网络了。

（4）双绞线的网线制作　要制作网线，我们需要准备的器具主要有压线钳和测试仪。压线钳可以用来剥外皮，剥离外皮的长度应大于安装水晶头用的 1.5cm，一般建议剥离 3 ～ 4cm。等网线处理好了，再修剪。如图 3-10 所示。

现在将 4 对线芯分别解开、理顺、扯直，然后按照规定的线序排列整齐。双绞线芯有两种排列标准：EIA/TIA568A（默认排序）以及 EIA/TIA568B（交互排序）。而双绞线分为直通和交叉两种，直通指两端都是 EIA/TIA568A 或 EIA/TIA568B，而交叉指一端是 EIA/TIA568A、另一端是 EIA/TIA568B。在网络设备没有加入自动翻转功能之前，该做直通线还是交叉线有严格的规矩。现在除了机器连机器用交叉线之外，一般都用两端都按 EIA/TIA568B 缠绕的直通线。

从水晶头底部看过去，EIA/TIA568A 标准双绞线芯的排列方式是：白绿、绿、白橙、蓝、白蓝、橙、白棕、棕。EIA/TIA568B 标准双绞线芯的排列方式是：白橙、橙、白绿、蓝、白蓝、绿、白棕、棕。展开双绞线之后默认得到的排列就是 EIA/TIA568A 标准，而将 1 和 3、2 和 6 两对线对调得到的排列就是 EIA/TIA568B 标准。如图 3-11 所示。

图 3-10　用压线钳来剥外皮

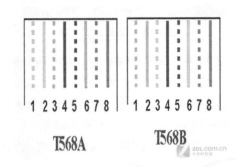

图 3-11　两种接线标准

裁剪之后，大家应该尽量把线芯按紧，并且应该避免移动或者弯曲网线。接下来可以用压线钳的剪线刀口把线芯顶部裁剪整齐，现在就只需要为安装水晶头保留 1.5cm 了。如图 3-12 所示。

下一步是将网线插入水晶头。要将水晶头有塑料弹簧的一面向下，有针脚的一面向上，使有针脚的一端远离自己，有方型孔的一端对着自己。这样，最左边的就是第 1 脚，最右边的就是第 8 脚。插入时需要缓缓用力把 8 条线芯同时沿水晶头内的 8 个线槽插入，一直插到线槽顶端。做完之后还需要确认一下，看是否每一组线芯都紧紧地顶在水晶头的末端。如图 3-13 所示。

图 3-12　裁剪好的网线

图 3-13　插入水晶头

最后要做的就是压线。把水晶头插进压线钳的槽内，用力握紧线钳，将水晶头凸出的针脚全部压入头内。如果听到清脆的一声"啪"，网线就做好了。如图 3-14 和图 3-15 所示。

图 3-14　压线

图 3-15　制作完成

做好了网线，拿测试仪看看。将网线两端分别插入测试仪，这时测试仪上的两组指示灯都会闪动。若测试的线缆为正常的直通线，则在测试仪上的 8 个指示灯就会同步闪动出绿光。如图 3-16 所示。如果红色或黄色灯亮，则存在问题，我们只能将网线剪开重做了。

2．同轴电缆

（1）同轴电缆简介　同轴电缆曾经是局域网中使用最普遍的一种电缆，它多用于设备到设备的连接

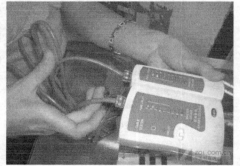

图 3-16　测试网线

或总线型拓扑结构的网络中，安装方便、易于使用。但随着网络速度的不断增加，同轴电缆已经不能满足用户的需求了，它逐渐被高性能的双绞线和光纤等新型传输介质代替。

同轴电缆以硬铜线为芯，外包一层绝缘材料。这层绝缘材料用密织的网状导体环绕，网外又覆盖一层保护性材料，其结构如图 3-17a 和图 3-17b 所示。

有两种广泛使用的同轴电缆。一种是 50Ω 电缆，用于数字传输，由于多用于基带传输，

也叫基带同轴电缆，主要用于构建计算机网络；另一种是 75Ω 电缆，用于模拟传输，即宽带同轴电缆，主要用于有线电视网络。

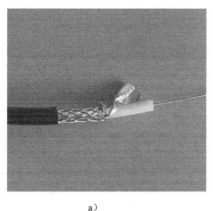
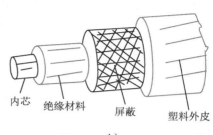

内芯　绝缘材料　屏蔽　塑料外皮

图　3-17

a）同轴电缆实物　b）同轴电缆结构示意图

同轴电缆（Coaxial Cable）是指有两个同心导体，而导体和屏蔽层又共用同一轴心的电缆。由于它在主线外包裹绝缘材料，在绝缘材料外面又有一层网状编织的屏蔽金属网线，所以能很好地阻隔外界的电磁干扰，提高通信质量。

基带同轴电缆，根据电缆直径的粗细分为粗缆和细缆两种。一般情况下，粗缆最大段长度为 500m，每段最多可以容纳 100 个结点，网络最大长度约为 2 500m；而细缆最大段约为 200m（实际上是 185m），每段最多可容纳 30 个结点，网络最大长度为 925m。

（2）基带同轴电缆（细缆）网线的制作　粗缆的连接使用 AUI 接头，细缆使用 BNC、T 型连接器将电缆与网络设备相连。下面以细缆网线的制作为例进行说明。

制作网线的材料有：电缆线、BNC 接头、BNC T 型接头、BNC 桶型接头、金属套头、铜制针头金属套环和 50Ω 的终端电阻。工具有：剥线钳，压线钳、斜口钳、尖嘴钳、三用电表、烙铁焊锡等。

线材和工具都准备好之后，就可以制作串联各台计算机的网络了，制作步骤如下：

1）将 BNC 接头的金属套环套到电缆线上。

2）利用剥线钳将同轴电缆的黑色外皮剥下一小段，长度稍小于 BNC 接头的长度，注意不要切断金属皮下的金属丝网。

3）将金属丝拨开，露出绝缘体。

4）用剥线钳将绝缘体剥下一小段，长度稍小于 BNC 接头中铜制针头后段较粗的部分。

5）将铜制针头套到同轴电缆最里边的导体芯上，为避免松动，用烙铁将铜制针头与导体芯焊牢。

6）将铜制针头插入 BNC 接头的金属套头中。

7）将步骤 1）中套到电缆上的金属套环向 BNC 接头方向推到底，金属丝网太长时，要加以修剪，以不露出金属套环为宜。

8）用三用电表测试铜制针头与 BNC 接头的外壳是否短路。如果短路，则重新制作，直到正常为止。

9）用压线钳将金属环套夹紧在金属套环上，再执行上一步骤以确认无短路现象，制作其他 BNC 接头的方法与此相同。

3.光缆

（1）光缆简介　光纤是光导纤维的简写，是一种利用光在玻璃或塑料制成的纤维中的全反射原理而达成的光传导工具。如图 3-18、图 3-19 所示。

图 3-18　光缆

图 3-19　光纤剖面结构示意图

光纤电缆简称光缆，主要由石英、多组分玻璃纤维、塑料等制作而成。

微细的光纤封装在塑料护套中，使得它能够弯曲而不至于断裂。通常，光纤一端的发射装置使用发光二极管（light emitting diode，LED）或一束激光将光脉冲传送至光纤，光纤的另一端的接收装置使用光敏元件检测脉冲。

在日常生活中，由于光在光导纤维的传导损耗比电在电线传导的损耗低得多，因此光纤被用作长距离的信息传递。

（2）光纤的分类　根据光在光缆中的传输方式，可以将光纤分为两类：单杠光纤和多模光纤。

1）单模光纤。如果光纤导芯直径小到只有一个光的波长，光纤就成了一种导波管，光线则不必经过多次反射式的传播，而是一直向前传播，这种光纤称为单模光纤。光信号可以沿着光纤轴向传播，因此光信号的损耗很小，离散也很小。于是单模光纤的传输距离远，网段长度为 30km。单模光纤采用注入式激光二极管作为光源，产生的激光定向性好，但价格较贵。

2）多模光纤。只要达到光纤表面的光线入射角大于临界角，便产生全反射，因此可以有多条入射角度不同的光线同时在一条光纤中传播，这种光纤称为多模光纤。多模光纤在给定的工作波长上，能以多个模式同时传输。与单模光纤相比，多模光纤的传输性能要差一些。对于多模光纤，网段长度就限制为 2km。多模光纤采用发光二极管作为光源，价格便宜。多模光纤中的光线是以波浪式传输的，多种频率共存。光在单模光纤和多模光纤中的传输情况如图 3-20 所示。

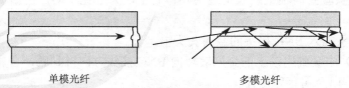

单模光纤　　　　　　　　　　多模光纤

图 3-20　光线在光纤中的传输

（3）光纤连接　在网络结构化布线系统中，光纤的应用越来越广泛，但是它的连接制作技术却不易普及。光纤的连接常用熔接方法或光纤连接器，也可以使用机械方式连接。光纤的熔接是将两根光纤利用特定的仪器将其熔合到一起，其衰减较小，但需要专业人员使用专业仪器来完成，做好后不能轻易改变；使用机械方式连接，将两根切割好的光纤放在一个管套中，然后钳起来，这种方法大概要损失 10% 左右的光；利用光纤连接器可以方便地更改光纤的连接，不过其衰减较大，连接器的接头部分仍需专业人员利用专业设备来完成。光纤连接器与光纤连接头如图 3-21 和图 3-22 所示。

图 3-21　光纤连接器

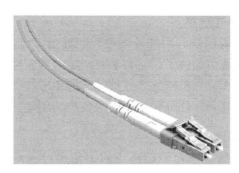

图 3-22　光纤连接头

光纤连接器是光纤与光纤之间进行可拆卸（活动）连接的器件，它是把光纤的两个端面精密对接起来，以使发射光纤输出的光能量可以最大限度地耦合到接收光纤中去，并使由于其介入光链路而对系统造成的影响减到最小，这是光纤连接器的基本要求。在一定程度上，光纤连接器也影响了光传输系统的可靠性和各项性能。

光纤连接器按传输媒介的不同可分为常见的硅基光纤的单模、多模连接器，还有其他如以塑胶等为传输媒介的光纤连接器；按连接头结构形式可分为：FC、SC、ST、LC、D4、DIN、MU、MT 等各种形式。其中，ST 连接器通常用于布线设备端，如光纤配线架、光纤模块等；而 SC 和 MT 连接器通常用于网络设备端。按光纤端面形状分有 FC、PC（包括 SPC 或 UPC）和 APC；按光纤芯数划分还有单芯和多芯（如 MT-RJ）之分。光纤连接器应用广泛，品种繁多。在实际应用过程中，我们一般按照光纤连接器结构的不同来加以区分。

3.2.2　无线传输介质

在计算机网络中，无线传输可以突破有线网的限制，利用空间电磁波实现站点之间的通信。最常用的无线传输介质有：无线电波、微波和红外线。

1．无线电波

无线电波的频率在 $10^4 \sim 10^8$Hz 之间，它很容易产生，传播是全方向的，能从源向任意方向进行传播。在较低频率上，它很容易穿过建筑物，被广泛地应用于现代通信中。由于它的传播是全方向的，所以不必在物理上对准发射和接收装置。无线电波容易受电子设备的干扰，所以它不是一种好的传输介质。

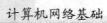

2. 微波传输

微波通信通常是指利用在 1GHz 范围内的电波来进行通信。高频的微波和低频的无线电波不同，它的一个重要特性是沿着直线传播，而不是向各个方向扩散。

在星载微波系统中，发射站和接收站设置于地面，卫星上放置转发器。地面站首先向卫星发送微波信号，卫星在接收到该信号后，由转发器将其向地面转发，供地面各站接收。星载系统覆盖面积极大，理论上一颗同步卫星可以覆盖地球 1/3 的面积，3 颗同步卫星就可以覆盖全球。

3. 红外传输

红外通信是利用红外线进行的通信，已广泛应用于短距离通信。电视机的遥控器就是应用红外通信的例子。它要求有一定的方向性，即发送器直接指向接收器。红外线亦可用于数据通信和计算机网络。红外线不能穿透物体，包括墙壁，但这对防止窃听和相互间的串扰有好处。此外，红外传输也不需要申请频率分配，即不需授权即可使用。

4. 激光

激光能直接在空中传输而无需通过有形的光导体，并能在很长的距离内保持定向的特点，也可以作为物理传输媒体。它和微波通信在直线传输上有相似性，但是和红外通信一样也不必经过政府管理部门授权分配频率。激光对雨雪和雾都比较敏感，这限制了它的应用。

目前，一种新的短距离无线通信技术——蓝牙技术发展很快，它工作在 2.4GHz，分 79 个带宽为 1Mbit/s 的信道，适用于 10m 以内的网络。产品有蓝牙鼠标和带蓝牙技术的手机。

3.2.3 光纤通道

类似于以太网和 ATM，光纤通道是利用专用设备进行数据高速传输的一种网络标准，光纤通道主要用于连接服务器的干线（backbones）以及把服务器连接到存储设备上。

光纤通道（Fibre Channel）其实是对一组标准的称呼，这组标准用来定义通过铜缆或光缆进行串行通信从而将网络上各节点相连接所采用的机制。光纤通道标准由美国国家标准协会（American National Standards Institute，ANSI）开发，为服务器与存储设备之间提供高速连接。早先的光纤通道专门为网络设计，随着数据存储在带宽上的需求提高，才逐渐应用到存储系统上。光纤通道是一种跟 SCSI 或 IDE 有很大不同的接口，它很像以太网的转换开头。光纤通道是为了可以提高多硬盘存储系统的速度和灵活性而设计的高性能接口。

光纤通道具有以下优点：

1）连接设备多，最多可连接 126 个设备。

2）低 CPU 占用率。

3）支持热插拔，在主机系统运行时就可安装或拆除光纤通道硬盘。

4）可实现光纤和铜缆的连接。

5）高带宽，在适宜的环境下，光纤通道是现有产品中速度最快的。

6）通用性强。

7）连接距离大，连接距离远远超出其他同类产品。

练 习 题

3-2-1　选择题

1）在以下几种传输介质中，价格最低的是（　　）。

  A．双绞线　　　　　　　B．基带同轴电缆　　　C．宽带同轴电缆　　D．光纤

2）在以下几种传输介质中，抗干扰能力最强的是（　　）。

  A．双绞线　　　　　　　B．基带同轴电缆　　　C．宽带同轴电缆　　D．光纤

3）在以下几种传输介质中，误码率最低的是（　　）。

  A．双绞线　　　　　　　B．基带同轴电缆　　　C．宽带同轴电缆　　D．光纤

3-2-2　填空题

1）目前网络中使用的有线传输介质主要有_____、_____、_____等。

2）粗同轴电缆的最大网段为_____m，可以容纳_____个结点，网络最大长度为_____；细缆的最大网段为_____m，可以容纳_____个结点，网络最大长度为_____。

3）双绞线是由两根具有绝缘保护的_____导线组成，把一对或多对双绞线放在一个绝缘的套管中，便成了双绞线电缆。它的标准插头是_____。

4）双绞线分成_____和_____两类。

5）按照光纤在光缆中的传输方式，可以将光纤分为_____和_____两类。

6）无线传播介质主要有_____、_____、_____等。

7）从抗强电磁干扰角度出发，传输介质中_____的性能最高。

3-2-3　简答题

1）简述双绞线的网线制作步骤。

2）简述基带同轴电缆（细缆）网线的制作步骤。

3）光纤连接有哪几种方法？

3.3　传输技术

  在数据通信系统中，通信信道为数据的传输提供了各种不同的通路。对应于不同类型的信道，数据传输采用不同的方式。

3.3.1　数据传输的过程

  数据传输是数据通信的基础。在计算机网络中，两台计算机之间的数据传输首先要将信息用二进制代码来表示，其次还要将二进制代码以一定的信号形式（如电压、电流、脉冲等）来表示，然后将信号经由信道进行传输，到达接收方后，再将这些信号恢复为代码，

从而得到发送端的信息。其过程如图 3-23 所示。

信息 → 二进制代码 → 信号（电压、电流、脉冲等）$\xrightarrow{\text{信道}}$ 信号 → 代码 → 信息

图 3-23　数据传输过程

3.3.2　模拟传输与数字传输

传输系统分为模拟传输系统和数字传输系统。在模拟传输系统中，信号以连续变化的电磁波在媒体中传输。在数字系统中，信号以不连续的电压脉冲传输（即正电压表示二进制 1，负电压表示二进制 0），以 bit/s 计量。

模拟传输是一种不考虑其内容的模拟信号的传输。在传输过程中由于噪声的干扰和能量的损失总会发生畸变和衰变。在模拟传输中，每隔一定的距离就要通过放大器来放大信号的强度，但在放大信号强度的同时也放大了由噪声引起的信号失真。随着传输距离的增大，多级放大器的串联会引起失真的叠加，从而使信号的失真越来越大。如果模拟信号代表就是模拟的信息，如声音，那么只要失真在一定范围内还是可以忍受的，接受方仍可识别原来的模拟信息（声音）。

数字传输则不一样，关心的是信号内容。不论传输的是数字信号还是模拟信号，只要它代表了 0 和 1 变化模式的数据，就可以采用数字传输。在数字传输中，每隔一定的距离不是采用放大器来放大衰减和失真的信号，而是采用转发器来代替。转发器可以通过阈值判断等手段，识别并恢复其原来的 0 和 1 变化的模式，并重新产生一个新的完全消除了衰减和畸变的信号传输出去。这样多级的转发不会累积噪声引起的失真。

相比模拟传输，数字传输具备四个优点，即：抗干扰能力强；适合远距离传输；安全保密性好；适合多媒体信息传输。

正因为数字传输具有以上优点，在长距离传输中，数字传输技术已逐步取代早先的模拟传输技术。另一方面，在许多传输媒体中，长距离直接传输数字信号是不合适的或不可行的。因此数据通信中首先要通过调制解调器将数字信号调制到模拟信号的载波上再通过信道发送，但在信道传输过程中采用的又是数字传输技术，如图 3-24 所示。常用的数字调制技术有：幅度调制（ASK）、频率调制（FSK）和相位调制（PSK），分别简称为调幅、调频和调相，如图 3-25 所示。

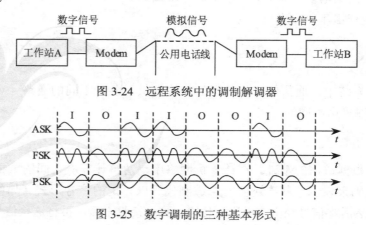

图 3-24　远程系统中的调制解调器

图 3-25　数字调制的三种基本形式

3.3.3　基带传输和宽带传输

信号的传输方式分为两大类：基带传输和宽带传输。

1．基带传输

在数据通信中，表示计算机中二进制数据比特序列的数字数据信号是典型的矩形脉冲信号。人们把矩形脉冲信号的固有频带称为基本频带，简称基带。这种矩形脉冲信号就称为基带信号。在数字信道上，直接传送基带信号的方法，称为基带传输。

在基带传输中，发送端将计算机中的二进制数据经编码器变换为适合在信道上传输的基带信号，例如曼彻斯特编码等；在接收端，由解码器将收到的基带信号恢复成与发送端相同的数据。

基带传输是一种最基本的数据传输方式，一般用在较近距离的数据通信中。在计算机局域网中，主要就是采用这种传输方式。

2．宽带传输

宽带信号是用多组基带信号 1 和 0 分别调制不同频率的载波，并由这些载波分别占用不同频段的调制载波组成。

宽带传输是将数据加载到载波信号传送出去。载波是指导可以用来传送数据的信号，一般以正弦波作为载体，并根据内容是 0 或 1 来改变载波的特性。

注意：平常所说的宽带上网的"宽带"与宽带传输的"宽带"是完全不同的概念。前者意思是说数据传输速率快，后者是指导数据传输的一种方式。

3.3.4　并行传输和串行传输

依据传输线数目的多少，可以将数据传输方式分为并行传输和串行传输。

1．并行传输

并行传输是指利用多条数据传输线将一个资料的各位同时传送。它的特点是传输速度快，适用于短距离通信，但要求通信速率较高的应用场合。

并行传输的优点在于传送速率高，收发双方不存在字符同步的问题。缺点是需要多个并行信道，增加了设备的成本，并且并行线路的电平相互干扰也会影响传输质量，不适合做长距离的通信。所以并行传输主要用于计算机内部或同一系统设备间的通信，如图 3-26 所示。

2．串行传输

串行传输是将比特流逐位在一条信道上传送。串行数据传输的速度要比并行传输慢得多，但对于覆盖面极其广阔的公用电话系统来说具有更大的现实意义。相对于并行传输，串行传输的效率低，传输速度慢。但由于只有一条信道，减少了设备的成本，且易于实现和维护，因此，是目前计算机网络通信采取的主要方式，它适合于长距离传输，如图 3-27 所示。

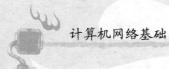

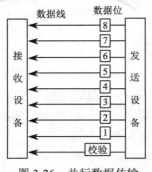

图 3-26　并行数据传输

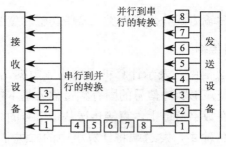

图 3-27　串行数据传输

3.3.5　单工、半双工和全双工

在串行通信中，根据数据流的方向可分为单工、半双工和全双工三种模式。

1．单工

所谓单工，是指在两个通信设备间，信息只能沿着一个方向被传输，如图 3-28a 所示。如广播和电视节目的传送就是单工通信的例子。

2．半双工

半双工通信是指在两个通信设备间的信息交换可以双向进行，但不能同时进行。即在同一时间内仅能使信息在一个方向上传输，如图 3-28b 所示。典型的例子是对讲机或计算机与终端的通信。

3．全双工

全双工通信是指同时可以在两个通信设备间进行两个方向上的信息传输，如图 3-28c 所示。如电话系统就是全双工的一个例子。

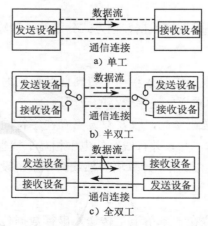

图 3-28　单工、半双工、全双工

3.3.6　异步传输和同步传输

数据通信时，发送端将数据转换为信号，通过介质传送出去，接收端收到后，再将其

转换为原来的数据。在这个过程中，需要有一个同步的问题，即接收方必须要按照发送方发送每个信号的起止时刻和速率来接收，否则收发之间便不能正确通信。解决这个问题通常可以采用两种方式：异步传输和同步传输。

1．异步传输

异步传输又称为起止式同步方式，它是以字符为单位进行的，且第一个字符的起始时刻可以任意。异步传输方式中，一次只传输一个字符。每个字符用一位起始位引导、$1 \sim 2$位停止位结束。在没有数据发送时，发送方可发送连续的停止位。

异步传输方式的优点是每一个字符本身就包括了本字符的同步信息，不需要在线路两端设置专门的同步设备。其缺点是每发一个字符就要添加一对起止信号，传输效率低。异步传输方式常用于 1 200bit/s 以下的低速率数据传输中，如图 3-29 所示。

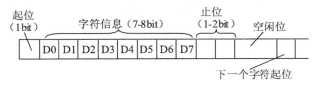

图 3-29　异步传输方式

2．同步传输

同步传输方式是以固定的时钟节拍来连续串行发送数字信号的一种方法，它是以帧为单位进行的。同步传输时，为使接收双方能判别数据块的开始和结束，还需要在每个数据块的开始处和结束处各加一个帧头和一个帧尾，加有帧头、帧尾的数据称为一帧。帧头和帧尾是两个或两个以上的同步字符 Sync，帧内每个字符前后不加起止位，如图 3-30 所示。

sync	sync	字符组	结束控制字符

图 3-30　同步传输的帧

同步传输方式具有较高的效率，但实现起来比较复杂，该方式常用于速率大于 2 400bit/s 的传输。

3.3.7　多路复用技术

多路复用技术就是把许多个单个信号在一个信道上同时传输的技术。频分多路复用 FDM、时分多路复用 TDM 和波分多路复用 WDM 是三种最常用的多路复用技术。

1．频分多路复用 FDM

频分多路复用将信道的可用带宽划分为若干个小频带，每个小频带传送一路信号，形成一个子信道，如图 3-31 所示。

频分多路复用常用于模拟信号的传输，如收音机、电视机等，FDM 也用于宽带网络。载波电话通信系

图 3-31　频分多路复用的子信道

统是频分多路复用的典型例子。

2. 时分多路复用 TDM

时分多路复用技术是将通信信道传输数据的时间划分为若干个时间段，每一路信号占用一个时间段，在其占用的一段时间内，信号独自使用信道的全部带宽，如图3-32所示。

时分多路复用通常用于数字数据的传送，也可用于模拟信号的传送。时分多路复用在任一时刻，只传送一种信号，多路信号分时地在信道中传送，而频分多路复用是在任一时刻，同时传送多路信号，各路信号占用的频带不同。

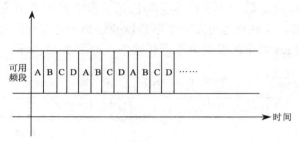

图 3-32　时分多路复用子信道

3. 波分多路复用 WDM

波分多路复用是把光波波长分割使用，是在一根光纤中同时传输多波长光信号的一项技术。从本质上讲，WDM 是光域上的波分多路复用技术。

练 习 题

3-3-1　选择题

1）允许数据在两个方向上传输，但某一时刻只允许数据在一个方向上传输，称这种通信方式为（　　）。

　　A. 并行　　　　　　　　B. 单工　　　　　　　　C. 半双工　　　　　　　　D. 全双工

2）在同一时刻，通信双方可以同时发送数据的信道方式为（　　）。

　　A. 数据报　　　　　　　B. 单工　　　　　　　　C. 半双工　　　　　　　　D. 全双工

3）将物理信道的总带宽分割成若干个与传输单个信号带宽相同的子信道，每个子信道传输一路信号，这种复用技术为（　　）。

　　A. 空工分路复用　　　　　　　　　　　　B. 同步时分多路复用

　　C. 频分多路复用　　　　　　　　　　　　D. 异步时分多路复用

4）将一条物理信道按时间分为若干时间片轮换地给多个信号使用，每一时间片由复用的一个信号占用，这样可以在一条物理信道上传输多个数字信号，这就是（　　）。

　　A. 频分多路复用　　　　　　　　　　　　B. 频分与时分混合多路复用

　　C. 空分从路复用　　　　　　　　　　　　D. 时分多路复用

5）在多个数据字符组成的数据块之前以一个或多个同步字符 sync 作为开始，帧尾是另一个控制字符，这种传输方式称为（　　）。

  A．同步传输   B．起止式传输   C．数据传输   D．异步传输

6）一次传送一个字符（即由 3 ～ 5 个比特位组成），每个字符用一个起始码引导，用一个停止码结束。如果没有数据发送，发送方可连续发送停止码。这种通信方式称为（　　　）。

  A．异步传输   B．块传输   C．同步传输   D．并行传输

3-3-2　填空题

1）_____是数据通信的基础。

2）信号的传输方式有基带传输和_____。

3）在串行通信中，根据数据流的方向，可以分为单工通信、_____和_____。

4）频分多路复用技术常用于模拟信号的传输，时分多路复用技术常用于___信号的传输。

5）按照光线在光缆中的传输方式，可以将光纤分为_____和_____两类。

6）并行传输适用于_____；串行传输适用于_____。

3-3-3　简答题

1）简述数据传输的过程。

2）常用的数字调制技术有哪三种？

3.4　数据交换

  在计算机网络中，传输系统的设备费用很大，所以当通信用户较多而传输距离较远时，通常采用交换技术，使通信传输线路为各个用户所共用，以提高传输设备的利用率，降低系统费用。

  在网络中常常要通过中间节点把数据从源站点发送到目的站点，以此实现通信。这些中间节点并不关心数据的内容，它的目的只是提供一个交换，把数据从一个节点传向另一个节点，直至到达目的地。计算机网络中常用的交换技术有电路交换、报文交换和分组交换。

3.4.1　电路交换

  在电路交换（Circuit Switching）中，通过网络节点在两个工作站之间建立一条专用的通信线路。最典型的例子是电话交换系统。采用电路交换方式进行通信时，两个工作站之间就具有实际的物理连接，这种连接是由节点之间的各段线路组成，每一段线路都为此连接提供一条通道。

  电路交换方式的通信过程分为三个阶段：电路建立阶段；数据传输阶段；拆除电路连接阶段。最典型的例子是电话交换系统。在打电话的过程中，拨号后双方拿起电话时，电路建立阶段结束；双方说话是数据传输阶段；说话结束后扣上电话就是拆除电路连接阶段。

1．电路建立阶段

  在数据传输之前，先经过呼叫建立一条端到端的电路，如图 3-33 所示。如果 H1 站要与 H4 站通信，其过程为 H1 先向其连接的节点 A 提出请求，然后 A 节点在通向 D 节点的

路径中找到下一个支路。如果 A 节点可以选择 C 节点的电路，在这条电路上分配一个没有使用的通道，建立电路 AC，并告知 C 节点还要连接 D 节点；C 节点再呼叫 D 节点，建立电路 CD，节点 D 完成与 H4 站的连接。这样 H1 就与 H4 之间建立了一条专用电路 ACD 用于数据传输。当然在这个连接过程中，可以使用其他的连接通道，如 ABD、AED、ACED 等。

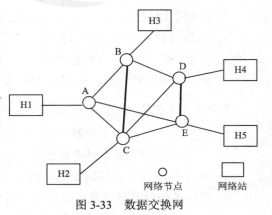

图 3-33　数据交换网

2．数据传输阶段

电路 ACD 建立后，数据就可以从 A 发送到 C，再由 C 交换到 D；D 也可以经 C 向 A 发送数据，连接是全双工的。在整个数据传输过程中，所建立的连接必须始终保持连接状态。

3．拆除电路连接阶段

数据传输结束后，由一方发出拆除请求，然后逐节拆除到对方的节点链路，将电路的使用权交还给网络，以供其他用户使用。

电路交换的特点是：

1）电路是透明的。由于电路交换中每个节点都是电子式或机械式的，它不对传输的信息进行任何处理。

2）信息传输延时小。由于中间交换节点不能对信息做任何处理，所以在每个节点的延时是很小的。对于一个固定的连接，其信息传输延时是固定的，除链路上的传输延时外，不再有其他的延时。

3）通道在连接期间是专用的，线路利用率低。

4）整个链路上有一致的数据传输率，连接两端的计算机必须同时工作。

以计算机化交换机（CBX）为核心组成的计算机网络采用的方式就是电路交换方式。

3.4.2　报文交换

报文交换（Message Exchanging）也称为包交换，它以报文组为单位采用"存储—转发"交换方式进行通信。每个报文都作为独立的信息单位传送，每个报文均含有数据和目的地址。每个报文经过一个中继节点时，这个中继节点先把报文暂时存储起来，然后分析目的地址，选择路由并排队等候，待需要的线路空闲时才将它转发到下一个节点，并最终达到目的节点。

报文交换方式与电路交换相比，具有如下优点：

1）线路利用率高。因为一个"节点—节点"信道可被多个报文共享。

2）收发双方无需同时工作。因为在接收方"忙"时，网络节点可暂存报文。

3）能够在网络上实现报文的差错控制和纠错处理。

4）可同时向多个目的站点发送同一报文。

5）报文交换网络能进行速度和代码的转换。

报文交换的主要缺点是网络的延时比较长，因而不宜用于实时通信或交互式的应用场合。

3.4.3　分组交换

分组交换（Packet Exchanging）方式兼有报文交换和电路交换的优点。其形式上非常像报文交换。主要差别在于分组交换网中要限制传输的数据单位长度，一般在报文交换系统中可传送的报文数据位数可做得很长，而在分组交换中，传送报文的最大长度是有限制的，如超出某一长度，则报文必须要分割成较少的单位，然后依次发送，我们通常称这些较少的数据单位为分组。这就是报文交换与分组交换的不同之处。

以图 3-33 为例，H1 站发送一个分组到节点 A，节点 A 暂存它，然后把它发送到节点 B，节点 B 把它发送到节点 D，然后送到 H4 站，分组中包含了数据和目的地址码。分组复制暂存起来的目的是为了纠正错误。分组交换有虚电路分组交换和数据报分组交换两种，它们是计算机网络中使用最广泛的一种交换技术。

1．数据报

在数据报方式中，每个分组独立地进行处理，如同报文交换网中每个报文单独地处理那样。但是，由于网络的中间交换节点对每个分组可能选择不同的路由，因而到达目的地时，这些分组可能不是按发送的顺序到达，因此目的站必须设法将它们按顺序重新排列。在这种技术中，独立处理的每个分组称为"数据报"。

2．虚电路

在虚电路方式中，在发送任何分组之前，需要先建立一条逻辑连接，即在源站点和目的站点之间的各个节点上事先选定一条网络路由，然后，两个站便可在这条逻辑连接上，即虚电路上交换数据。每个分组除了包含数据之外还需包含一个虚电路标识符。在预先建立好的路由上每个节点都必须按照既定的路由传输这些分组，无需重新选择路由。

虚电路分组交换和电路交换类似，在传送数据之前必须在发送端和接收端之间建立一条连接。但和电路交换不同的是，虚电路交换建立的连接是逻辑连接，而非物理连接，信道不是专用的，而是与其他用户共享。

电路交换、报文交换和分组交换方式的特点比较见表 3-1。

表 3-1　三种交换方式的特点比较

特　点	电 路 交 换	报 文 交 换	分 组 交 换
建立收 / 发端电路连接	需要	不需要	不需要
数据通过中间节点的方式	直通	存储 - 转发	存储 - 转发
使用信道方式	独占	共享	共享
节点缓冲区	不需要	需要	需要
信道利用率	低	较高	高
实时性	好	差	虚电路较好数据报较差
差错控制	无	困难	容易

练 习 题

3-4-1 选择题

1）市话网在数据传输期间，在源节点与目的节点之间有一条利用中间节点构成的物理连接线路，这种市话网采用（　　）技术。

    A．数据交换　　　　　　　B．报文交换　　　　　　　C．分组交换　　　　　D．电路交换

2）在数据传输期间，源节点与目的节点之间有一条利用若干中间节点构成的专用物理连接线路，直到传输结束，这种交换方式为（　　）方式。

    A．数据报　　　　　　　　B．报文交换　　　　　　　C．虚电路交换　　　　D．电路交换

3）在数据传输过程中，每个数据报自身携带地址信息，每个报文的传送被单独处理，则这种交换方式为（　　）方式。

    A．数据报　　　　　　　　B．报文交换　　　　　　　C．虚电路交换　　　　D．电路交换

4）报文交换的传送方式采用（　　）方式。

    A．广播　　　　　　　　　　　　　　B．存储转发

    C．异步传输　　　　　　　　　　　　D．同步传输

5）世界上很多国家都相继组建了自己国家的公用数据网，现有的数据网大多采用（　　）。

    A．分组交换方式　　　　　　　　　　B．报文交换方式

    C．电路交换方式　　　　　　　　　　D．空分交换方式

6）电路交换方式中，通信过程可分为哪三个阶段（　　）。

    A．电路建立阶段、数据传输阶段和拆除电路连接阶段

    B．电路建立阶段、数据传输阶段和数据校验阶段

    C．电路建立阶段、数据传输阶段和数据纠错阶段

    D．电路建立阶段、数据传输阶段和数据编码阶段

7）在数据传输中，（　　）的传输延迟最小。

    A．电路交换　　　　　　　B．分组交换　　　　　　　C．报文交换　　　　　D．信元交换

8）在传输数据前，不需在两个站之间建立连接的是（　　）。

    A．报文交换　　　　　　　B．电路交换　　　　　　　C．虚电路分组交换　　D．信元交换

9）两个站之间以数据报的方式发送分组，则发送过程应为（　　）。

    A．两站间先建立一条逻辑连接，分组流中所有分组由此按顺序发送

    B．由节点存储分组流中所有分组，判定下一个路由后按顺序发送，直至到达终点

    C．每个节点为每个分组做出路径选择，下一节点通常为分组队列最短节点，因此分组流的接收顺序不一定是发送顺序

    D．以上答案都不正确

3-4-2 填空题

1）计算机网络中常用的交换技术有电路交换、报文交换和＿＿＿＿＿＿＿＿。

2）电路交换主要有 3 个过程＿＿＿＿＿＿、＿＿＿＿＿＿和＿＿＿＿＿＿＿＿＿＿。

3）分组交换技术又分为＿＿＿＿＿＿＿＿和＿＿＿＿＿＿＿。

3-4-3 简答题

1）简述电路交换的过程。

2）数据传输系统为什么要采用交换技术？

3.5 差错控制

由于计算机网络的最基本要求是高速且无差错的传输数据信息，而一个通信系统无法做到完美无缺，因此需要考虑如何发现和纠正信号传输中的差错。数据传输中出现差错有多种原因，一般分成内部因素和外部因素：内部因素又称热噪声，是电子在传输介质导体中作高速杂乱运行而产生的一种噪声，是随机的噪声，幅度相对信号而言要小得多。外部因素又称冲击噪声，是由外界电磁干扰引起的，突发且持续时间长，可以引起相邻的多个数据位出错，是引进传输差错的主要原因。

传输差错是不可避免的，为了确保数据传送的正确性，必须采用相应的技术和方法，使得数据通信过程中能发现或纠正差错，把差错限制在尽可能小的范围内，这就是差错控制。

3.5.1 差错控制的基本方式

在数据通信系统中，差错控制有三种基本方式：检错反馈重发方式、前向纠错方式和混合纠错方式。

1．检错反馈重发方式

检错反馈重发又称为自动请求重发（Automatic Repeat Request，ARQ）。在 ARQ 方式中，接收端检测出有差错时，就设法通知发送端重发，直到正确的信息收到为止。采用这种方法时只要用检错码即可，但必须有双向信道才有可能将差错通知发送方。

2．前向纠错方式

在前向纠错（Forward Error Correct，FEC）方式中，接收端不但能发现差错，而且能确定二进制出错的位置，从而加以纠正。采用这种方法时就必须用纠错码，但它可以不需要反向信道来传递请求重发的信息。

3．混合纠错方式

混合纠错（Hybrid Error Correct，HEC）方式综合了上述两种纠错方式。接收端对所收到的数据进行检测，若发现错误，就对少量且能纠正的错误进行纠正，而对于超过纠错能力的差错则通过 ARQ 方式予以纠正。该方法在一定程序上弥补了反馈重发和前向纠错的缺点。

应该指出，不论哪种纠错方式都是以牺牲传输效率来换取传输可靠性的提高的。

3.5.2 常用的检纠错码

1．奇偶校验码

奇偶检验码是一种最常见的检错码。它是在一个二进制数上加上一个校验位，以便检测差错。在奇校验中，要在每一个字符上增加一个附加位，使得该字符中"1"的个数为奇数；在偶校验中，要在每一个字符上增加一个附加位，使得该字符中"1"的个数为偶数。如字符 1001101，采用奇校验，则在尾部加一个附加位"1"，得到校验码 10011011，使得字符中 1 的个数为奇数，接收方则通过判断接收的数据中 1 的个数是否为奇数来确定传输是否出错。

奇偶校验方法非常简单，但并不十分可靠，当有 2 个、4 个等偶数个数据位在传输中出错时，接收方就无法检测出差错的数据。

2. 循环冗余码

奇偶校验作为一种检验码虽然简单，但是漏检率太高。在计算机网络和数据通信中使用最广泛的检错码是一种漏检率低得多也便于实现的循环冗余码 CRC（Cyclic Redundancy Code），CRC 码又称为多项式码。

它是利用除法及余数的原理来作错误侦测（Error Detecting）的。它将要发送的数据比特序列当作一个多项式 f（x）的系数，例如，代码 1010111 对应的多项式为 $X^6 + X^4 + X^2 + X + 1$，同样多项式 $X^5 + X^3 + X^2 + X + 1$ 对应的代码为 101111。发送时用双方预先约定的生成多项式 G（x）去除，求得一个余数多项式，将余数多项式加到数据多项式之后发送到接收端，接收端同样用 G（x）去除接收到的数据进行计算，然后把计算结果和实际接收到的余数多项式数据进行比较，若值相同则表示传输正确。CRC 校验检错能力强，容易实现，是目前应用最广的检错码编码方式之一。

3. 海明码

海明码（Hamming Code）编码的关键是使用多余的奇偶校验位来识别一位错误。这是一种可以纠正一位差错的编码。方法是：对一个码字附加上多位检验位，验证每一个校验位，并记下所有出错的校验位，则接收方可以计算出哪一位出错并对其进行更正。一般说来，对所有校验位进行检查，将所有出错的校验位置相加，得到的就是错误信息所在的位置。

4. 等重码

等重码又叫恒比码，是指每个码字中均含相同数目的"1"（码长一定，"1"的数目固定后，所含"0"的数目也必然相同）。正由于每个码字中"1"的个数与"0"的个数之比保持恒定，故得此名。该码只能检测奇数个差错，所以在实际应用中常运用反馈重发方式使差错明显减少。

5. 方阵检验码

方阵检验码也称行列监督码。将若干要发送的码组排成方阵，在每行和每列按奇偶方式进行检验，然后一行一行地发出去。接收端同样按行和列排成方阵，若不符合发送规律，即发现差错。方阵码常用于纠正突发差错，但其突发差错的长度被限制在一个码组的长度内。该码常用于计算机内部通信系统中。

练 习 题

3-5-1 选择题

1）某一码元出错与前后码元无关的错误是（　　　）。

　　A．突发错误　　　　　　B．随机错误　　　　C．误码率　　　　　D．突发长度

2）差错控制的三种方式是（　　　）。

　　A．前向纠错、检错重发、混合纠错　　　　B．自动纠错、检错重发、前向纠错

　　C．自动纠错、检错重发、反馈纠错　　　　D．自动纠错、检错重发、反馈重发

3-5-2　填空题

1）差错控制是指_____。

2）差错控制的基本方法有_____、_____和_____。

3）常用的检纠错码主要有_____、_____、_____、_____和_____。

3-5-3　简答题

1）在循环冗余码中，写出二进制代码 1010101 对应的多项式。

2）对字符 1001101，若采用偶校验，则应附加的校验位是 0 还是 1。

本 章 小 结

　　本章主要介绍了数据通信的相关基础知识及基本概念，重点介绍了数据传输、数据交换以及差错控制等方面的知识。同时由于数据传输一定需要传输媒体，所以本章中也对常用的传输媒体做了介绍。

　　信息是数据的内在含义或解释，数据是信息的载体，而信号是数据的编码。通信系统的基本技术指标有：比特率、波特率、误码率、吞吐量和信道的传播延迟。通信系统的基本作用是在发送方和接收方之间传递和交换信息。根据通信系统是利用模拟信号还是数字信号来传递信息，可以分为模拟通信系统和数字通信系统。现在使用比较广泛的是数字通信系统。

　　传输媒体可分为有线传输媒体和无线传输媒体。常用的有线传输媒体有：双绞线、同轴电缆和光纤；常用的无线传输媒体有：无线电波、红外线、微波和激光等。

　　数据传输是数据通信的基础。数据传输按信号的传输方式可以分为基带传输和宽带传输。依据传输线数目可分为串行通信和并行通信。依据数据流向可分为单工、半双工和全双工通信。为了使收发双方在时序上保持一致，数据传输采用了异步传输和同步传输的方式。为了提高传输介质的利用率，数据传输中采用了频分多路复用、时分多路复用和波分多路复用技术。

　　数据通信中数据的传输通常需要经过很多个中间转接设备，这些设备通常采用电路交换、报文交换和分组交换技术进行数据交换。

　　数据在信道上传输会受到内因和外因的影响，传输差错不可避免。所以采用了相应的差错控制机制。常用的差错控制方式包括 3 种：自动请求重发、有向纠错和混合纠错，常用的检纠错码有奇偶检验码、循环冗余码、海明码、等重码以及方阵检验码等。

　　通过本章的学习，读者可以广泛地了解计算机网络中数据传输的情况，为计算机网络理论学习打下良好的基础。

第4章

网络体系结构与协议

 职业能力目标

1）能明白计算机网络的产生与发展过程。

2）能理解计算机网络的功能和应用，从而能明白自己将来的就业方向是什么。

3）能理解计算机网络的组成和分类，从宏观上把握计算机网络的硬件系统和软件系统，能够分析清楚身边的计算机网络属于哪一类。

4）领会计算机网络拓扑结构的意思，为将来进行网络建设打好基础。

5）对身边的计算机网络能从专业的角度进行分析，为将来的就业打好感情基础。

4.1 网络体系结构简介

计算机网络系统是由各自独立的计算机系统通过已有通信系统连接形成的，其功能是实现计算机的远程访问和资源共享。因此，计算机网络的问题主要是解决异地独立工作的计算机之间如何实现正确、可靠的通信，计算机网络分层体系结构模型正是为解决计算机网络的这一关键问题而设计的。

4.1.1 分层的原则

计算机网络体系结构的分层思想主要遵循以下几点原则：

1）功能分工的原则，即每一层的划分都应有它自己明确的与其他层不同的基本功能。

2）隔离稳定的原则，即层与层的结构要相对独立和相互隔离，从而使某一层内容或结构的变化对其他层的影响小，各层的功能、结构相对稳定。

3）分支扩张的原则，即公共部分与可分支部分划分在不同层，这样有利于分支部分的灵活扩充和公共部分的相对稳定，减少结构上的重复。

4）方便实现的原则，即方便标准化的技术实现。

4.1.2 层次的划分

计算机网络是计算机的互连，它的基本功能是网络通信。网络通信根据网络系统不同的拓扑结构可归纳为两种基本方式：第一种为相邻节点之间通过直达通路的通信，称为点到点通信；第二种为不相邻节点之间通过中间节点链接起来形成间接可达通路的通信，称为端到端通信。很显然，点到点通信是端到端通信的基础，端到端通信是点到点通信的延伸。

点到点通信时，在两台计算机上必须要有相应的通信软件。这种通信软件除了与各自操作管理系统接口外，还应有两个接口界面：一个向上，也就是向用户应用的界面；一个向下，也就是向通信的界面。这样通信软件的设计就自然划分为两个相对独立的模块，形成用户服务层 US 和通信服务层 CS 两个基本层次体系。

端到端通信线路是把若干点到点的通信线路通过中间节点链接起来而形成的，因此，要实现端到端的通信，除了要依靠各自相邻节点间点到点通信连接的正确可靠外，还要解决两个问题：第一，在中间节点上要具有路由转接功能，即源节点的报文可通过中间节点的路由转发，形成一条到达目标节点的端到端的链路；第二，在端节点上要具有启动、建立和维护这条端到端链路的功能。启动和建立链路是指发送端节点与接收端节点在正式通信前双方进行的通信，以建立端到端链路的过程。维护链路是指在端到端链路通信过程中对差错或流量控制等问题的处理。

因此在网络端到端通信的环境中，需要在通信服务层与应用服务层之间增加一个新的层次来专门处理网络端到端的正确可靠的通信问题，称为网络服务层 NS。

对于通信服务层，它的基本功能是实现相邻计算机节点之间的点到点通信，一般要经过两个步骤：第一步，发送端把帧大小的数据块从内存发送到网卡上去；第二步，由网卡将数据以位串形式发送到物理通信线路上去，在接收端执行相反的过程。对应这两步不同的操作过程，通信服务层进一步划分为数据链路层和物理层。

对于网络服务层，它的功能也由两部分组成：一是建立、维护和管理端到端链路的功能；二是进行路由选择的功能。端到端通信链路的建立、维护和管理功能又可分为两个侧面，一是与它下面网络层有关的链路建立管理功能，另一是与它上面端用户启动链路并建立与使用链路通信的有关管理功能。对应这三部分功能，网络服务层划分为三个层次：会话层、传输层和网络层，分别处理端到端链路中与高层用户有关的问题，端到端链路通信中网络层以下实际链路连接过程有关的问题，以及路由选择的问题。

对于用户服务层，它的功能主要是处理网络用户接口的应用请求和服务。考虑到高层用户接口要求支持多用户、多种应用功能，以及可能是异种机、异种 OS 应用环境的实际情况，分出一层作为支持不同网络具体应用的用户服务，取名为应用层。分出另一层用以实现为所有应用或多种应用都需要解决的某些共同的用户服务要求，取名为表示层。

综上所述，计算机网络体系结构分为相对独立的 7 层：应用层、表示层、会话层、传输层、网络层、链路层、物理层。这样，一个复杂而庞大的问题就简化为了几个易研究、处理的相对独立的局部问题。

4.1.3 网络协议

在计算机网络中包含有多种计算机系统，它们的硬件和软件系统有着很大的差异，要使它们之间能够相互通信，进行数据交换，就必须有一套通信管理机制使通信双方能正确地接收信息，并能理解对方的含义，因此它们就必须事先约定一个规则，这种规则就称为协议。这种为进行网络中的数据交换而建立的规则、标准和约定统称为网络协议。

网络协议主要由三个要素组成：语法、语义和交换规则（定时）。语法确定了协议元素的格式，即规定数据与控制信息的结构和格式；语义确定协议元素的类型，即规定通信双方发出何种控制信息、完成何种动作以及做出何种应答；交换规则规定了事件实现顺序的详细说明。下面以打电话这个事件为例进行理解。

在打电话的过程中，电话号码就是"语法"，一般的电话号码是由若干位阿拉伯数字组成。拨通号码后，对方的电话就会振铃，接电话的人就会接起电话，这一系列的动作就是语义。只有先拨通号码，电话才会振铃，振铃后对方才会去接电话，接起电话双方才能通话，这种前后顺序就是交换规则。

4.1.4 网络体系结构

通过上述讲解，我们还了解网络分成很多层，每一层都要实现一定的功能，为了实现该层的功能，就必须为该层规定好本层的协议，同时相邻层之间也必须有数据传输，即接口服务。简单地说，网络分成多层，每层都有各自的协议，相邻层之间要有接口服务。我们将这种层和协议的集合称为网络的体系结构。

练 习 题

4-1-1　简答题

1）计算机网络体系结构的分层思想主要遵循哪几点原则？

2）网络协议主要由哪三个要素组成？

3）什么是网络体系结构？

4.2　开放系统互连参考模型

谈到网络不能不谈 OSI 参考模型，它的全称是开放系统互连参考模型（Open System Interconnection Reference Model，OSI/RM），它是由国际标准化组织 ISO 提出的一个网络系统互连模型。虽然 OSI 参考模型的实际应用意义不是很大，但其对于理解网络协议内部的运作很有帮助，也为我们学习网络协议提供了一个很好的参考。

国际标准组织（ISO）制定了 OSI 模型。这个模型把网络通信的工作分为 7 层，从下到上依次是物理层、数据链路层、网络层、传输层、会话层、表示层和应用层。最高层为应用层，面向用户提供服务；最低层为物理层，连接通信媒体实现数据传输。1～3 层被认为是低层，这些层与数据移动密切相关。第 4 层被认为是中间层。5～7 层是高层，包含应用程序级的数据。每一层负责一项具体的工作，然后把数据传送到下一层，如图 4-1 所示。

两个用户的计算机通过网络进行通信时，除物理层之外，其余和对等层之间不存在直接的通信关系，而是通过各对等层的协议来进行通信。

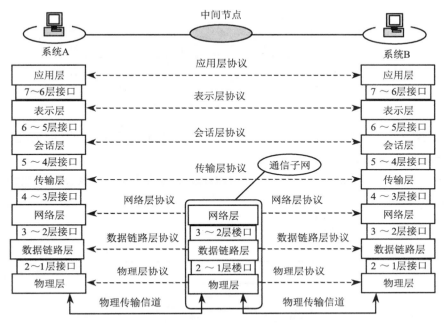

图 4-1　OSI 七层模型示意图

4.2.1　物理层

物理层位于OSI参与模型的最低层，它直接面向实际承担数据传输的物理媒体（即信道）。物理层的传输单位为比特。物理层是指在物理媒体之上为数据链路层提供一个原始比特流的物理连接。

物理层协议规定了与建立、维持及断开物理信道所需的机械的、电气的、功能性的和规程性的特性。其作用是确保比特流能在物理信道上传输。

1. 通信接口与传输媒体的物理特性

CCITT 在 X.25 建议书第一级（物理级）中也做了类似的定义：利用物理的、电气的、功能的和规程的特性在 DTE 和 DCE 之间实现对物理信道的建立、保持和拆除功能。这里的 DTE（Date Terminal Equipment）指的是数据终端设备，是对属于用户所有的连网设备或工作站的统称，它们是通信的信源或信宿，如计算机、终端等；DCE（Date Circuit Terminating Equipment 或 Date Communications Equipment）指的是数据电路终接设备或数据通信设备，是对为用户提供入接点的网络设备的统称，如自动呼叫应答设备、调制解调器等。

DTE-DCE 的接口框如图 4-2 所示，物理层接口协议实际上是 DTE 和 DCE 或其他通信设备之间的一组约定，主要解决网络节点与物理信道如何连接的问题。物理层协议规定了标准接口的机械连接特性、电气信号特性、信号功能特性以及交换电路的规程特性，这样做的主要目的是为了便于不同的制造厂家能够根据公认的标准各自独立地制造设备，使各个厂家的产品都能够相互兼容。

图 4-2　DTE-DCE 接口框图

（1）机械特性　规定了物理连接时对插头和插座的几何尺寸、插针或插孔芯数及排列方式、锁定装置形式等。

图 4-3 列出了各类已被 ISO 标准化了的 DCE 连接器的几何尺寸及插孔芯数和排列方式。一般来说，DTE 的连接器常用插针形式，其几何尺寸与 DCE 连接器相配合，插针芯数和排列方式与 DCE 连接器成镜像对称。

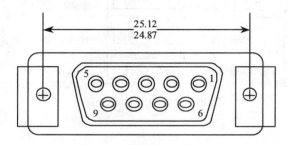

图 4-3　常用连接机械特性

（2）电气特性　电气特性规定了在物理媒体上传输比特流时信号电平的大小、数据的编码方式、阻抗匹配、传输速率和传输距离限制等。

（3）功能特性　规定了接口信号的来源、作用以及其他信号之间的关系。

（4）规程特性　规定了使用交换电路进行数据交换的控制步骤，这些控制步骤的应用使比特流的传输得以完成。

2．物理层协议举例

RS-232D 是美国电子工业协会制定的物理接口标准，也是目前数据通信与网络中应用最为广泛的一种标准。它的前身是 RS-232C 标准。由于相差不大，通常简称它们为"RS-232 标准"。

RS-232D 接口标准的机械特性是：规定使用一个 25 根插针（DB-25）的标准连接器，宽度为 47.04±0.13mm，每个插座有 25 针插头，上面一排针从左至右分别编号为 1～13，下面一排针为 14～25，另外还有其他一些严格的尺寸说明。

RS-232D 接口标准的机械特性是：采用负逻辑，即逻辑 0 用＋5～＋15V 表示，逻辑 1 用－5～－15V 表示，允许的最大数据传输率为 20Kbit/s，最长可驱动电缆 15m。

在功能特性方面，RS-232D 定义了连接器中 20 条连接线的功能，表 4-1 给出了其中最常用的 9 根信号的功能特性。

表 4-1　DB-25 常用连接线的功能

针　号	功　能	信号功能 / 传输方向
1	保护性接地	地线
2	发送数据	数据 /DTE → DCE
3	接收数据	数据 /DTE ← DCE
4	请求发送	控制信号 / DTE → DCE
5	清除发送	控制信号 / DTE ← DCE
6	数据设备准备好	控制信号 / DTE ← DCE
7	信号地	地线
8	载波检测	控制信号 / DTE ← DCE
20	数据终端准备好	控制信号 / DTE → DCE

目前，许多计算机和终端都采用 RS-232D 接口标准。但 RS-232D 只适用于短距离使用，距离过长，可靠性将降低。

4.2.2　数据链路层

数据链路层是 OSI 参考模型中的第二层，介于物理层和网络层之间，在物理层提供的服务的基础上向网络层提供服务。数据链路层的作用是对物理层传输原始比特流的功能的加强，将物理层提供的可能出错的物理连接改造成为逻辑上无差错的数据链路，即使其对网络层表现为一条无差错的链路。数据链路层的基本功能是让网络层提供透明的和可靠的数据传送服务。透明性是指该层上传输的数据内容、格式及编码没有限制，也没有必要解释信息结构的意义；可靠的传输使用户不必担心丢失信息、干扰信息及顺序不正确等问题。

1. 数据链路层的主要功能

数据链路层最基本的服务是将源机网络层的数据可靠地传输到相邻节点的目标机网络层。为达到这一目的，数据链路层必须具备一系列相应的功能，它们主要有：如何将数据组合成数据块，在数据链路层中将这种数据块称为帧，帧是数据链路层的传送单位；如何控制帧在物理信道上的传输，包括如何处理传输差错，如何调节发送速率以使其与接收方相匹配；在两个网络实体之间提供数据链路通路的建立、维持和释放管理。

（1）帧同步功能　为了使传输中发生差错后只将出错的有限数据进行重发，数据链路层将比特流组织成以帧为单位传送。帧的组织结构必须设计成使接收方能够明确地从物理层收到比特流中对其进行识别，即能从比特流中区分出帧的起始与终止，这就是帧同步要解决的问题。由于网络传输中很难保证计时的正确和一致，所以不能采用依靠时间间隔关系来确定一帧的起始与终止的方法。

（2）差错控制功能　通信系统必须具备发现（即检测）差错的能力，并采取措施进行纠正，使差错控制在所能允许的尽可能小的范围内，这就是差错控制过程，也是数据链路层的主要功能之一。

（3）流量控制功能　首先需要说明一下，流量控制并不是数据链路层特有的功能，许多高层协议中也提供流量控制功能，只不过流量控制的对象不同而已。比如，对于数据链路层来说，控制的是相邻两个节点之间数据链路上的流量，而对于运输层来说，控制的则是从源到最终目的之间端对端的流量。

由于收发双方各自使用的设备工作速率和缓冲存储空间的差异，可能出现发送方发送能力大于接收方接收能力的现象，若此时不对发送方的发送速率（也即链路上的信息流量）做适当的限制，则前面来不及接收的帧将被后面不断发送来的帧"淹没"，造成帧的丢失而出错。由此可见，流量控制实际上是对发送方数据流量的控制，使其发送速率不致超过接收方的速率。也即需要有一些规则使得发送方知道在什么情况下可以接着发送下一帧，而在什么情况下必须暂停发送，以等待收到某种反馈信息后再继续发送。

（4）链路管理功能 链路管理功能主要用于面向连接的服务。在链路两端的节点要进行通信前，必须首先确认对方已处于就绪状态，并交换一些必要的信息以对帧序号初始化，然后才能建立连接。在传输过程中则要维持该连接。如果出现差错，需要重新初始化，重新自动建立连接。传输完毕后则要释放连接。数据链路层连接的建立、维持和释放就称作链路管理。

在多个站点共享同一物理信道的情况下（例如在局域网中），如何在要求通信的站点间分配和管理信道也属于数据层链路管理的范畴。

2. 数据链路控制协议举例

数据链路控制协议也称链路通信规程，也就是 OSI 参考模型中的数据链路层协议。链路控制协议可分为异步协议和同步协议两大类。同步协议又可分为面向字符的同步协议、面向比特的同步协议及面向字节计数的同步协议三种类型。

面向比特的数据链路控制协议的典型代表是 HDLC（高级数据链路控制），它是目前网络设计普遍使用的数据链路控制协议。

高级数据链路控制（HDLC）协议是基于的一种数据链路层协议，促进传送到下一层的数据在传输过程中能够准确地被接收（也就是差错释放中没有任何损失且序列正确）。HDLC 的另一个重要功能是流量控制，换句话说，一旦接收端收到数据，便能立即进行传输。HDLC 具有两种不同的实现方式：高级数据链路控制正常响应模式即 HDLC NRM（又称为 SDLC）和 HDLC 链路访问过程平衡（LAPB）。其中第二种使用更为普遍。HDLC 是 X.25 栈的一部分。

数据链路层的数据传输是以帧为单位的，HDLC 的帧格式如图 4-4 所示，其中标志字段 F 是一个固定的比特序列 01111110，用来表示一帧的开始和结束；地址字段 A 用来表示站点的物理地址；控制字段 C 用来表示帧的类型和功能、帧的编号等控制信息；帧校验字段 FCS 用来校验传输的帧是否有错；信息字段 I 是要传输的数据信息，长度通常不大于 256 个字节。

标志字段F （8位）	地址字段A （8/16位）	控制字段C （8/16位）	信息字段I （长度可变）	帧校验字段FCS （16/32位）	标志字段F （8位）

图 4-4　HDLC 和帧结构

4.2.3　网络层

网络层是 OSI 参考模型中的第三层，介于传输层和数据链路层之间。它在数据链路层提供的两个相邻端点之间的数据帧的传送功能上，进一步管理网络中的数据通信，将数据设法从源端经过若干个中间节点传送到目的端，从而向运输层提供最基本的端到端的数据传送服务。网络层关系到通信子网的运行控制，体现了网络应用环境中资源子网访问通信子网的方式，是 OSI 模型中面向数据通信的低三层（也即通信子网）中最为复杂、关键的一层。

1．网络层的主要功能

网络层的目的是实现两个端系统之间的数据透明传送，即为数据选择最佳路径传输到目的主机，而网络用户不必关心网络的拓扑结构和使用的通信介质。具体功能包括路由选择、流量控制、数据的传输与中继、清除子网的质量差异。

（1）路由选择　通信子网为网络源节点和目的节点提供了多条传输路径的可能性。网络节点在收到一个分组后，要确定向下一节点传送的路径，这就是路由选择。

要进行路由选择就需有路由算法，路由选择的算法很多，概括起来可以分为静态路由算法和动态路由算法两大类。静态路由选择算法称为非自适应路由选择算法，其特点是简单和开销较小，但不能及时适应网络状态的变化；动态路由选择算法也称为自适应路由选择算法，其特点是能较好地适应网络状态的变化，但实现起来较为复杂，开销也比较大。

常见的路由协议有内部网关协议（IGP）、外部网关协议（EGP）、最短路径优先协议（OSPF）等。

（2）流量控制　通信子网中的资源总是有限的，如果对进网的业务量不加以控制，就会出现由于资源负荷过重造成拥塞现象。网络层的流量控制是对进入通信子网的数据量加以控制，以防止拥塞现象的出现，就像是一个城市的交通必须加以控制一样。

（3）数据的传输与中继　网络层的一个重要作用是按照选定的路径进行实际的数据传输。

（4）清除子网的质量差异　在现实的通信环境中，由于通信网的类型不同，所以通信质量也存在差异，即使是类型相同的网络，也会因国家、地区的不同而存在差异。网络层必须能够适应各种具体通信网，消除各个通信子网的服务质量差异，使两端服务质量一致，这也是网络层的一项重要功能。

2．网络层的服务

从 OSI/RM 的角度看，网络层提供的服务有两大类：面向连接的服务和无连接的服务。面向连接的服务又称为虚电路服务，无连接的服务又称为数据报服务。

（1）虚电路服务　在虚电路服务中，网络层向传输层提供一条无差错且按顺序传输的较理想的信道。数据传输的过程分为三个阶段：建立连接阶段（建立收、发端之间的一条虚电路）、数据传输阶段和拆除连接阶段（拆除这条虚电路）。

对网络用户来说，在建立连接后，整个网络就好像有两条连接两个网络用户的数字管道，所有发送到网络中去的数据分组，都按发送的前后顺序进入管道。然后依次沿着管道传送到目的站的主机，这些分组到达目的站的顺序与发送时的顺序是完全一致的。

（2）数据报服务　数据报服务一般仅由数据报交换网来提供。端系统的网络层同网络节点中的网络层之间，一致地按照数据报操作方式交换数据。当端系统要发送数据时，网络层给该数据附加上地址、序号等信息，然后作为数据报以发送给网络节点；目的端系统

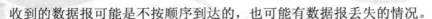

收到的数据报可能是不按顺序到达的，也可能有数据报丢失的情况。

对于网络用户来说，整个网络好像有许多条不确定的数字管道，所发送出去的每一个数据分组都可以独立地选择一条管道来传送。于是先发出去的分组不一定先到达目的主机，所以目的站必须采取一定的措施将所有数据按发送的顺序交付给目的主机。

需要指出的是，在 TCP/IP 结构的网络中，网络只提供数据服务而不提供虚电路服务。

3．网络层协议举例

（1）X.25 协议　X.25 是 ISO 和 ITU-T 为广域网（WAN）通信所建议的一种包交换数据网络协议，它定义数据终端设备（DTE）和数据电路终端设备（DCE）之间的数据以及控制信息的交换，它包括物理层、数据链路层和分组层三个层次。X.25 的分组级相当于 OSI 参考模型中的网络层，其主要功能是向主机提供多信道的虚电路服务。

（2）IP 协议　IP 协议是现在互联网上网络层上的协议，它只提供数据报服务，具体的内容在本书稍后的章节中将进行讲解。

4.2.4　传输层

OSI 七层模型中的物理层、数据链路层和网络层是面向网络通信的低三层协议。传输层负责端到端的通信，既是七层模型中负责数据通信的最高层，又是面向网络通信的低三层和面向信息处里的高三层之间的中间层。传输层位于网络层之上、会话层之下，它利用网络层子系统提供给它的服务去开发本层的功能，并实现本层对会话层的服务。

1．传输层的地位和作用

传输层是 OSI 七层模型中最重要、最关键的一层，是唯一负责总体数据传输和控制的一层。传输层的两个主要目的是：提供可靠的端到端的通信；向会话层提供独立于网络的运输服务。

（1）提供可靠的端到端的通信　在互联网中，各个子网所能够提供的服务往往是不一样的。为了能使通信子网中的用户得到一个统一的通信服务，就必须设置一个传输层，它弥补了各个通信子网提供的服务的差异和不足。而在各个通信子网提供的服务的基础上，传输层又能利用本身的传输协议，增加服务功能，消除网络层上的一些差错，保证端到端的通信是可靠的。

（2）向会话层提供独立于网络的运输服务　传输服务是传输层向会话层提供的服务，主要有寻址、建立连接、流量控制、崩溃恢复和多路复用等服务。

2．传输层的协议分类

传输层的功能是要弥补从网络层获得的服务和应该向传输服务用户提供的服务之间的差距，它所关心的是提高服务质量，包括优化成本。

运输层的功能按级别划分，包括五种协议级别，即级别 0（简单级）、级别 1（基本差错恢复级）、级别 2（多路复用级）、级别 3（差错恢复和多路复用级）和级别 4（差错检测和恢复级）。服务质量划分的较高的网络，仅需较简单的协议级别；反之，服务质量划分的较低的网络，需要较复杂的协议级别。

传输层的两个著名协议是 TCP 和 UDP，稍后的内容将作介绍。

4.2.5　其他各层

1．会话层

会话层在运输层提供的服务上，加强了会话管理、同步和活动管理等功能。

（1）实现会话连接到运输连接的映射　会话层的主要功能是提供建立连接并有序传输数据的一种方法，这种连接就叫作会话（Session）。会话可以使一个远程终端登录到远地的计算机，进行文件传输或其他的应用。

会话连接建立的基础是建立传输连接，只有当传输连接建立好之后，会话连接才能依赖于它而建立。会话与传输层的连接有三种对应关系。一种是一对一的关系，即在会话层建立会话时，必须建立一个传输连接，当会话结束时，这个传输连接也被释放。另一种是多对一的关系，例如在多顾客系统中，一个客户所建立的一次会话结束后，又有另一顾客要求建立另一个会话，此时运载这些会话的传输连接没有必要不停地建立和释放，但在同一时刻，一个传输连接只能对应一个会话连接。第三种是一对多的关系，若传输连接建立后中途失效，此时会话层可以重新建立一个运输连接而不用废弃原有的会话，当新的运输连接建立后，原来的会话可以继续下去。

（2）会话连接的释放　会话连接的释放不同于传输连接的释放，它采用有序释放方式，即使用完全的握手，包括请求、指示、响应和确认原语，只有双方同意，会话才终止。这种释放方式不会丢失数据。对于异常原因，会话层也可以不经协商立即释放，但这样可能会丢失数据。

（3）会话层管理　与其他各层一样，两个会话实体之间的交互活动都需要协调、管理和控制。会话服务的获得是执行会话层协议的结果，会话层协议支持并管理同等对接会话实体之间的数据交换。由于会话层往往是由一系列交互对话组成的，所以对话的次序及进展情况必须加以控制和管理。

2．表示层

OSI 环境的低五层提供透明的数据传输，应用层负责处理语义，而表示层则负责处理语法，由于各种计算机都可能有各自的数据描述方法，所以不同类型计算机之间交换的数据，一般需经过格式转换才能保证其意义不变。表示层要解决的问题是如何描述数据结构并使之与具体的机器无关，其作用是对原站内部的数据结构进行编码，使之形成适合于传输的比特流，到了目的站再进行解码，转换成用户所要求的格式。

表示层的主要功能有：

（1）语法转换　将抽象语法转换成传输语法，并在对方实现相反的转换。涉及的内容有代码转换、字符转换、数据格式的修改，以及对数据结构操作的适应、数据压缩、加密等。

（2）语法协商　根据应用层的要求协商选用合适的上下文，即确定传输语法并传送。

（3）连接管理　包括利用会话层服务建立表示连接，管理在这个连接之上的数据传输和同步控制，以及正常或异常地终止这个连接。

3．应用层

应用层是 OSI/RM 的最高层，它是计算机网络与最终用户间的接口，它在下面 6 层提供的数据传输和数据表示的基础上，为网络用户或应用程序提供各种应用协议。常见的网

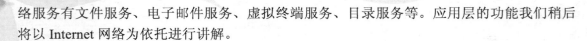

络服务有文件服务、电子邮件服务、虚拟终端服务、目录服务等。应用层的功能我们稍后将以 Internet 网络为依托进行讲解。

4.2.6　OSI 环境中的数据传输过程

在 OSI/RM 中，真正的数据传送只发生在物理层，其他各层都是虚通信，如图 4-5 所示。在发送端（主机 A）要发送数据时，首先由应用层向下交给表示层，表示层再交给会话层，依次向下直到物理层，然后由通信介质传输到接收端（主机 B）。在接收端是一个相反的过程。

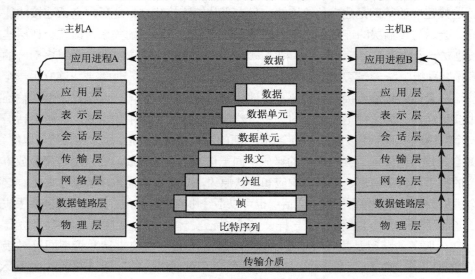

图 4-5　OSI 环境中的数据传输过程

下面以一个通俗的例子来理解各个层次的作用。比如 QQ 聊天时，写入的信息是最原始的数据，这些数据是应用层使用的数据。当写入的信息发送时，首先要向下交给表示层，表示层对这些信息进行编码，有可能还包括加密的过程，完成编码后，再将这些编码后的信息向下传给会话层。而会话层主要进行端对端连接建立的维持和断开。这三部分是端对端的连接。

下一层是传输层，主要包括端口和进程，表示用什么进程连接通信，比如说对方用 QQ 进行信息传递，这边有 QQ.msn.yahoo。那么为什么就只有 QQ 能够接收到信息呢？这个功能识别就是靠传输层的作用了。

下面三层是点到点的连接。网络层为数据包写上 IP 地址，以便指明数据传输的路，是快速的寻址，根据这个 IP 地址，数据包能快速找到去往的路。数据链路层是在网络层封装的基础上封装 MAC 地址是精确的寻址。根据这个 MAC 地址数据帧才能到达目的主机网卡，进而传给目的主机。最后物理层是原始的比特流传输，通过传输电（磁）信号（或光信号）而实现传输二进制的 0 和 1。

练　习　题

4-2-1　选择题

1）ISO 的中文名称是（　　　　）。

A．国际认证　　　　　　　　　　　　B．国际化标准组织

C．国际指标　　　　　　　　　　　　D．国际经济组织

2）物理层的任务是实现网络内两个实体间的（　　　）。

A．物理连接　　　　B．逻辑连接　　　　C．两节点间　　　　D．高级连接

3）（　　　）是通信子网的最高层。

A．网络层　　　　　B．传输层　　　　　C．应用层　　　　　D．会话层

4）表示出用户看得懂的数据格式，实现与数据表示有关的功能是（　　　）层。

A．网络层　　　　　B．应用层　　　　　C．表示层　　　　　D．会话层

5）（　　　）层向数据链路层提供服务。

A．物理层　　　　　B．传输层　　　　　C．会话层　　　　　D．应用层

6）在 OSI 七层结构模型中，处于数据链路层与传输层之间的是（　　　）。

A．物理层　　　　　B．网络层　　　　　C．会话层　　　　　D．表示层

7）完成路径选择功能是在 OSI 模型的（　　　）。

A．物理层　　　　　B．数据链路层　　　C．网络层　　　　　D．传输层

8）OSI 参考模型的（　　　）建立、维护和管理应用程序之间的会话。

A．传输层　　　　　B．会话层　　　　　C．应用层　　　　　D．表示层

9）OSI 参考模型的（　　　）保证一个系统应用层发出的信息能补另一个系统的应用层读出。

A．传输层　　　　　B．会话层　　　　　C．表示层　　　　　D．应用层

10）OSI 参考模型的（　　　）为处在两个不同地理位置上的网络系统中和终端设备之间，提供连接和路径选择。

A．物理层　　　　　B．网络层　　　　　C．表示层　　　　　D．应用层

11）OSI 参考模型的（　　　）为用户的应用程序提供网络服务。

A．传输层　　　　　B．会话层　　　　　C．表示层　　　　　D．应用层

12）OSI 参考模型的上 4 层分别是（　　　）。

A．数据链路层、会话层、传输层和应用层

B．表示层、会话层、传输层和应用层

C．表示层、会话层、传输层和物理层

D．传输层、会话层、表示层和应用层

4-2-2　填空题

1）OSI 参考模型从高到低分别是＿＿＿＿＿＿＿＿、＿＿＿＿＿＿＿＿＿、＿＿＿＿＿＿＿、＿＿＿＿＿＿＿＿、＿＿＿＿＿＿＿＿和＿＿＿＿＿＿＿＿。

2）物理层协议规定了标准接口的机械连接特性、＿＿＿＿＿＿特性、＿＿＿＿＿＿特性以及交换电路的规程特性。

3）网络中，物理层的数据单位是比特，数据链路层的数据单位是＿＿＿＿＿＿，网络层的数据单位是报文或分组。

4）网络层的具体功能包括＿＿＿＿＿＿＿、流量控制、＿＿＿＿＿＿＿、清除子网的质量

差异。

5）网络层提供服务有两大类：_____和无连接的服务。

6）传输层的两个主要目的是：_____；向会话层提供独立于网络的运输服务。

7）表示层的主要功能有：语法转换；语法协商；_____。

4-2-3 简答题

1）简述网络层的功能。

2）举例说明 OSI 环境中的数据传输过程。

4.3 局域网体系结构

4.3.1 局域网参考模型

局域网和城域网是 IEEE802 委员会标准化工作的焦点。局域网和城域网所涉及的内容主要是有关一组数据通过网络传输的情况。在 OSI 模型中，第三层或第四层以及更高层都和网络结构无关，故在 LAN、MAN 或者 WAN 之上都可以适用。因此我们在讨论 LAN 的体系结构时，只需要和 OSI 参考模型的低两层进行比较来描述。图 4-6 给出了 LAN 参考模型和 OSI 参考模型的比较示意图。

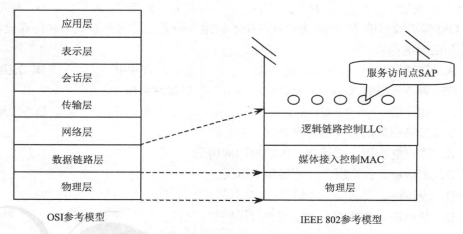

图 4-6　IEEE 802 参考模型相当于 OSI 模型的最低两层

IEEE802 局域网模型由物理层和数据链路层组成。数据链路层分为逻辑链路控制（LLC）和媒质访问控制（MAC）两个子层。SAP 设于 LLC 与高层交界面上。它与 OSI 模型相对照，局域网的参考模型相当于 OSI 模型的最低两层。

实际上，LLC 层也实现了一些网络功能。它提供各节点之间初始设备或逻辑链路的连接；MAC 层的设置只涉及到网上每个节点的信息传送。在数据链路层中，与媒体访问有关的部分，根据具体网络的媒体访问方法，集中在 MAC 子层里，分别进行处理。MAC 子层包含局域网的各种协议。而局域网对 LLC 子层是透明的，仅提供它与上面几层的接口。

（1）物理层 物理层提供在物理层实体间发送和接收比特的能力，一对物理层实体能确认出两个介质访问控制 MAC 子层实体间同等层比特单元的交换。物理层也要实现电气、机械、功能和规程四大特性的匹配。

（2）数据链路层 数据链路层的功能分别由其 LLC 子层和 MAC 子层承担。

LLC 子层向高层提供一个或多个逻辑接口（具有发送帧和接收帧的功能）。还具有帧顺序控制及流量控制等功能。LLC 子层还包括某些网络层功能，如数据报、虚电路控制和多路复用等，由于局域网中的数据是按编址的帧传送，没有中间交换，因而不需要路由选择。

MAC 子层支持数据链路功能，并为 LLC 子层提供服务。支持 CSMA/CD、令牌环、令牌总线等介质访问控制方式。它可以判断哪一个设备具有享用介质的权力以及介质操作所需要的寻址。

4.3.2 CSMA/CD 和 IEEE802.3 标准

在总线型 / 树型和星形拓扑结构中应用最广的媒体访问控制技术是载波监听多路访问 / 冲突检测（CSMA/CD）。这个技术在第 2 章第 5 节中已经介绍过了，下面讲一下 IEEE802.3 标准。

IEEE 802.3 标准描述了在多种媒体上的从 1Mb/s ～ 10Mb/s 局域网的解决方案。10BASE5 指定使用 50Ω 的同轴电缆，通常称为粗以太同轴电缆。10BASE5 的数据传输速率是 10Mb/s，支持的电缆最长是 500m，用转发器可以将网络的长度扩展。该标准允许任何两个站点之间可以有四个转发器，从而把网络的长度延长到 2.5km。

10BASE2 又称细缆以太网，它和 10BASE5 一样也使用 50Ω 同轴电缆，数据传输速率是 10Mb/s，但是 10BASE2 的电缆要细一些。

10BASE-T 规范指定一个星形拓扑。所有站点通过两对非屏蔽双绞线连接到一个多端转发器上。每条链路的长度限制在 100m 以内。除了非屏蔽双绞线外，也可以选用光缆，这时链路长度可达 500m。还有其他的一些标准，这里就不介绍了。

4.3.3 与 IEEE802 有关的其他网络协议

IEEE 802.1：概述、体系结构和网络互连，以及网络管理和性能测量。

IEEE 802.2：逻辑链路控制 LLC。最高层协议与任何一种局域网 MAC 子层的接口。

IEEE 802.4：令牌总线网。定义令牌传递总线网的 MAC 子层和物理层的规范。

IEEE 802.5：令牌环形网。定义令牌传递环形网的 MAC 子层和物理层的规范。

IEEE 802.6：城域网。

IEEE 802.7：宽带技术。

IEEE 802.8：光纤技术。

IEEE 802.9：综合话音数据局域网。

IEEE 802.10：可互操作的局域网的安全机制（1998）。还附加了安全体系结构框架的

802.10a 和密钥管理的 802.10c。

IEEE 802.11：无线局域网。

IEEE 802.12：优先高速局域网（100Mb/s）。AnyLAN（一种快速以太网）。

IEEE 802.13：有线电视（Cable-TV）。

练 习 题

4-3-1　简答题

1）局域网作为一个通信网，应该包括（　　）三层。

　　A．物理层、数据链路层和网络层　　　　　　B．物理层、数据链路层和表示层

　　C．物理层、数据链路层和应用层　　　　　　D．物理层、数据链路层和会话层

2）以下各项中，是令牌总线媒体访问控制方法的标准的是（　　）。

　　A．IEEE802.3　　　　B．IEEE802.4　　　　C．IEEE802.6　　　　D．IEEE802.5

4-3-2　填空题

1）IEEE802 局域网模型由物理层和_____组成。数据链路层分为逻辑链路控制（LLC）和媒质访问控制（MAC）两个子层。

2）_____和城域网是 IEEE802 委员会标准化工作的焦点。

本 章 小 结

本章主要介绍了网络的体系结构和协议的相关基础知识及基本概念。简单地说，网络分成多层，每层都有各自的协议，相邻层之间要有接口服务。我们将这种层和协议的集合称为网络的体系结构。

OSI 参考模型（OSI/RM）的全称是开放系统互连参考模型（Open System Interconnection Reference Model，OSI/RM），它是由国际标准化组织 ISO 提出的一个网络系统互连模型。这个模型把网络通信的工作分为 7 层，从下向上依次是物理层、数据链路层、网络层、传输层、会话层、表示层和应用层。每一层负责一项具体的工作，然后把数据传送到下一层。两个用户的计算机通过网络进行通信时，除物理层之外，其余和对等层之间不存在直接的通信关系，而是通过各对等层的协议来进行通信。

局域网和城域网是 IEEE802 委员会标准化工作的焦点。局域网和城域网所涉及的内容主要是有关一组数据通过网络传输的情况。IEEE802 局域网模型由物理层和数据链路层组成。数据链路层分为逻辑链路控制（LLC）和媒质访问控制（MAC）两个子层。和 OSI 模型相对照，局域网的参考模型相当于 OSI 模型的最低两层。

在总线型／树形和星形拓扑结构中应用最广的媒体访问控制技术是载波监听多路访问／冲突检测（CSMA/CD）。IEEE 802.3 标准描述了在多种媒体上的从 1Mb/s ～ 10Mb/s 的局域网解决方案。10BASE5 指定使用 50Ω 的同轴电缆，通常称为粗以太同轴电缆。10BASE2 又称细缆以太网。10BASE-T 规范指定一个星形拓扑。

第 5 章

Internet 基础与应用

 职业能力目标

1）了解 Internet 的发展历史。

2）理解 TCP/IP 体系结构，为从事互联网业务打好基础。

3）掌握 IP 地址的有关知识，为将来进行网络建设和管理方面的工作做好知识上的准备。

4）了解 Internet 的主要应用领域，为将来进行网站开发、服务器架设等工作打好基础。

5.1 Internet 的产生与发展

Internet 是人类历史发展中的一个伟大的里程碑，它是未来信息高速公路的雏形，人类正由此进入一个前所未有的信息化社会。人们用各种名称来称呼 Internet，如国际互联网络、互联网、交互网络、网际网等，它正在向全世界各大洲延伸和扩散，不断增添吸收新的网络成员，并已经成为世界上覆盖面最广、规模最大、信息资源最丰富的计算机信息网络。

1. Internet 发展的 4 个阶段

Internet 的发展大致经历了如下 4 个阶段：20 世纪 60 年代，Internet 起源。20 世纪 70 年代，TCP/IP 协议出现，Internet 随之发展起来。20 世纪 80 年代，NSFnet 出现，并成为当今 Internet 的基础。20 世纪 90 年代，Internet 进入高速发展时期，并开始向全世界普及。

（1）Internet 的起源　为了满足战争的需要，1969 年，美国国防部国防高级研究计划署（DoD/DARPA）资助建立了一个名为 ARPANET（即"阿帕网"）的网络，这个网络把位于洛杉矶的加利福尼亚大学、斯坦福大学，以及位于盐湖城的犹它州州立大学的计算机主机联接起来，位于各个结点的大型计算机采用分组交换技术，通过专门的通信交换机（IMP）和专门的通信线路相互连接。这个阿帕网就是 Internet 最早的雏形。

到 1972 年，ARPANET 网上的节点数已经达到 40 个。这 40 个节点彼此之间可以发送小文本文件（当时称这种文件为电子邮件，也就是我们现在的 E-mail）和利用文件传输协议发送大文本文件，包括数据文件（即现在 Internet 中的 FTP），同时也发现了通过把一台计算机模拟成另一台远程计算机的一个终端，而使用远程计算机上的资源的方法，这种方法被称为 Telnet。由此可见，E-mail、FTP 和 Telnet 是 Internet 上较早出现的重要工具，特别是 E-mail 仍然是目前 Internet 上最主要的应用。

（2）TCP/IP 协议的产生　从 1972～1974 年，IP（Internet 协议）和 TCP（传输控制协议）问世，合称 TCP/IP。这两个协议定义了一种在计算机网络间传送报文（文件或命令）的方法。随后，美国国防部决定向全世界无条件地免费提供 TCP/IP，即向全世界公布解决计算机网络之间通信的核心技术。TCP/IP 核心技术的公开最终导致了 Internet 的大发展。

到 1980 年，世界上既有使用 TCP/IP 的美国军方的 ARPA 网，也有很多使用其他通信协议的各种网络。为了将这些网络连接起来，人们提出一个想法：在每个网络内部各自使用自己的通信协议，在和其他网络通信时使用 TCP/IP。这个设想最终导致了 Internet 的诞生，并确立了 TCP/IP 在网络互联方面不可动摇的地位。

（3）NSFNET 的出现　Internet 的第一次快速发展源于美国国家科学基金会（National Science Foundation，NSF）的介入，即建立 NSFNET。20 世纪 80 年代后期，NSFNET 的正式营运以及实现与其他已有和新建网络的连接开始真正成为 Internet 的基础。

（4）Internet 进入高速发展时期　进入 20 世纪 90 年代初期，Internet 已成为一个"网际网"，即各个子网分别负责自己的架设和运作费用，而这些子网又通过 NSFNET 互联。NSFNET 连接全美上千万台计算机，拥有几千万用户，是当时 Internet 最主要的成员网。随着计算机网络在全球的拓展和扩散，美洲以外的网络也逐渐接入 NSFNET 主干或其子网。

2. Internet 在我国的发展

Internet 在我国的发展可以追溯到 1986 年。当时，中科院等一些科研单位通过国际长途电话拨号到欧洲一些国家，进行国际联机数据库检索。虽然国际长途电话的费用是极其昂贵的，但是能够以最快的速度查到所需的资料还是值得的。这可以说是我国使用 Internet 的开始。

1994 年 4 月，中科院计算机网络信息中心通过 64Kbit/s 的国际线路连到美国，开通路由器（一种连接到 Internet 必不可少的网络设备），我国开始正式接入 Internet。

目前，我国已建成国内互联网，其 4 个主干网络是中国公用计算机互联网（ChinaNET）、中国教育与科研计算机网（CERNET）、中国科学技术计算机网（CSTNET）、中国金桥互联网（ChinaGBN）。

练　习　题

5-1-1　简答题

1）Internet 的发展经历了哪几个阶段？

2）我国国内著名的 4 个互联网是哪几个？

5.2　Internet 网络协议——TCP/IP

1. 基本内容

TCP/IP（Transmission Control Protocol/Internet Protocol）的中文译名为传输控制协议 /

互联网络协议。它是一种应用最为广泛的网络通信协议，也是 Internet 的标准连接协议。它提供了一整套方便实用、并能应用于多种网络上的协议，使网络互联变得轻而易举，并且使越来越多的网络加入其中，成为 Internet 事实上的标准。

准确的说 TCP/IP 协议是一个协议组（协议集合），其中包括了 TCP 和 IP 以及其他一些协议。因此一定要明确 TCP/IP 不只代表 TCP 和 IP，它代表的是一组协议。协议组中的其他一些协议也是非常重要的。

2．TCP/IP 的产生

Internet 的原型是 ARPANET，一个军用网。在 Internet 还没有形成之前，世界各个地方已经建立了很多小型的局域网，然而，这些各式各样的局域网却存在不同的网络结构和数据传输规则。假如要将这些局域网连接起来，就必须有一个统一的规则来传输数据，即 TCP/IP，同时也需要一种统一的数据传输标准，即 CP/IP。只有遵守这个协议的计算机，才能加入到 Internet 这个大家庭中来，才能与其他的计算机传输数据，交流信息。

3．TCP/IP 的四层模型

从前面我们已经知道，TCP/IP 协议组中有很多的协议，那么这些协议之间的关系是什么样呢？ TCP/IP 协议组中的协议并不是平面分布的，而是分层次分布的，它遵守一个四层的模型概念：应用层、传输层、互联层（网络层）和网络接口层。TCP/IP 参考模型与 OSI 参考模型的对应关系如图 5-1 所示。

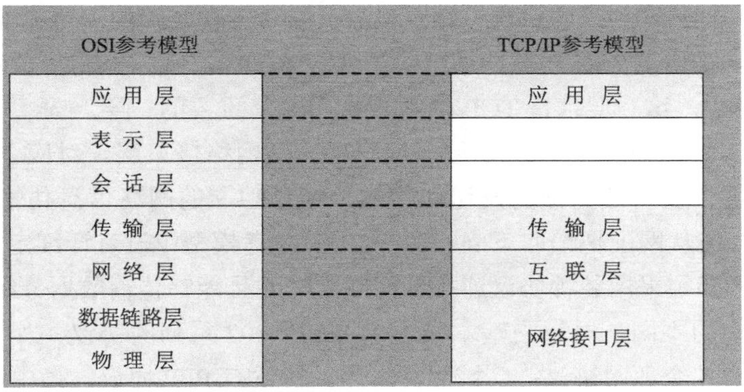

OSI参考模型		TCP/IP参考模型
应　用　层		应　用　层
表　示　层		
会　话　层		
传　输　层		传　输　层
网　络　层		互　联　层
数据链路层		网络接口层
物　理　层		

图 5-1　TCP/IP 参考模型与 OSI 参考模型的对应关系

（1）应用层　它定义了应用程序使用互联网的规程，应用程序将通过这一层访问网络。应用层是所有用户面向的应用程序的统称。TCP/IP 协议族在这一层面有着很多协议来支持不同的应用，许多大家熟悉的基于 Internet 的应用的实现都离不开这些协议。实际上这一层对应于 OSI 模型的高三层。

如万维网（WWW）的访问用到了 HTTP 协议，文件传输用了 FTP 协议，电子邮件发送用了 SMTP 协议，域名的解析用了 DNS 协议，远程登录用了 Telnet 协议等，都是属于 TCP/IP 应用层的。就用户而言，看到的是由一个个软件所构筑的大多为图形化的操作界面，而实际后台运行的便是上述协议。TCP 是互联网中的传输层协议，使用三次握手协议建立连接。

（2）传输层　为两个用户进程（程序）之间建立、管理和拆除可靠而又有效的端到端连接的协议，即负责端到端的对等实体间进行通信。这一层的功能主要是提供应用程序间的通信，包括 TCP（传输控制）和 UDP（用户数据报）两个协议。

尽管 TCP 和 UDP 都使用相同的网络层（IP），TCP 却向应用层提供与 UDP 完全不同的服务。

TCP 提供一种面向连接的、可靠的字节流服务。面向连接意味着两个使用 TCP 的应用（通常是一个客户和一个服务器）在彼此交换数据之前必须先建立一个 TCP 连接。这一过程与打电话很相似，先拨号振铃，等待对方摘机说"喂"，然后才说明是谁。

TCP 是互联网中的传输层协议，使用三次握手协议建立连接。第一次握手：建立连接时，客户端发送请求到服务器，等待服务器确认。第二次握手：服务器收到请求，必须确认客户端。第三次握手：客户端收到服务器反馈后，向服务器发送确认包，此包发送完毕，完成三次握手。

UDP 是 TCP/IP 参考模型中一种无连接的传输层协议，提供面向事务的简单的不可靠信息的传送服务。UDP 协议基本上是 IP 协议与上层协议的接口。UDP 协议适用端口分别运行在同一台设备上的多个应用程序中。

与 TCP 不同，UDP 并不提供对 IP 协议的可靠机制、流控制以及错误恢复功能等。由于 UDP 比较简单，UDP 头包含很少的字节，比 TCP 负载消耗少。

UDP 适用于不需要 TCP 可靠机制的情形，比如，当高层协议或应用程序提供错误和流控制功能的时候。UDP 是传输层协议，服务于很多知名应用层协议，包括网络文件系统（NFS）、简单网络管理协议（SNMP）、域名系统（DNS）以及简单文件传输系统（TFTP）。

（3）互联层　本层定义了互联网中传输的"信息包"格式，以及从一个用户通过一个或多个路由器到最终目标的"信息包"转发机制，即负责在互联网上传输数据分组。包括网际协议 IP，地址解析协议 ARP，反向地址解析协议 RARP，网际控制消息协议 ICMP，互联网组管理协议 IGMP，这一层也是 TCP/IP 协议族中非常重要的一层。

（4）网络接口层　四层模型的基层（最底层）是网络接口层，对应于 OSI 模型中的物理层和数据链路层。负责数据帧的发送和接收，帧是独立的网络信息传输单元。网络接口层将帧放在网上，或从网上把帧取下来。在 TCP/IP 参考模型中没有详细定义这一层的功能，只是指出通信主机必须采用某种协议连接到网络上，并且能够传输数据分组。实际上根据主机与网络拓扑结构的不同，局域网基本采用了 IEEE 802 系列的协议，如 IEEE 802.3 以太网协议、IEEE 802.5 令环网协议；广域网常采用的协议有 PPP 协议、帧中继、X.25 等。

练　习　题

5-2-1　选择题

1）Internet 采用的通信协议是（　　　）。

    A. FTP　　　　　　　　B. SPX/IPX　　　　　　　C. TCP/IP　　　　　　　D. WWW

2）以下协议中不属于 TCP/IP 的网络层的协议是（　　　）。

    A. ICMP　　　　　　　B. ARP　　　　　　　　C. PPP　　　　　　　　D. RARP

3）在 TCP/IP 协议簇中，负责将计算机的互联网地址变换为物理地址的协议是（　　　）。

    A. ICMP　　　　　　　B. ARP　　　　　　　　C. PPP　　　　　　　　D. RARP

4）在 TCP/IP 协议簇中，如果要在一台计算机的两个用户进程之间传递数据报，则所使用的协议是（　　　）。

    A．TCP　　　　　　　　B．UDP　　　　　　　　C．IP　　　　　　　　D．FTP

5）在 TCP/IP 环境中，如果以太网上的站点初始化后，只有自己的物理地址而没有 IP 地址，则可能通过广播请求，征求自己的 IP 地址，负责这一服务协议的是（　　　）。

    A．ARP　　　　　　　　　　　　　　　　B．RARP

    C．ICMP　　　　　　　　　　　　　　　D．IP

6）一般来说，TCP/IP 的 IP 提供的服务是（　　　）。

    A．传输层服务　　　　　　　　　　　　B．网络层服务

    C．表示层服务　　　　　　　　　　　　D．会话层服务

7）TCP 通信建立在面向连接的基础上，TCP 连接的建立采用（　　　）次握手的过程。

    A．一　　　　　　　B．二　　　　　　　C．三　　　　　　　D．四

8）关于 TCP 和 UDP 区别的描述中，（　　　）是错误的。

    A．UDP 比 TCP 的安全性差

    B．TCP 是面向连接的，而 UDP 是无连接的

    C．UDP 要求对方发出的每个数据包都要确认

    D．TCP 可靠性高，UDP 则需要应用层保证数据传输的可靠性

5-2-2　填空题

1）TCP/IP 自下而上将网络分为＿＿＿＿＿＿＿、＿＿＿＿＿＿＿、＿＿＿＿＿＿＿、＿＿＿＿＿＿＿共 4 个层次。

2）TCP/IP 是 Internet 的网络协议，其中 TCP 叫作＿＿＿＿＿＿＿协议。

3）在 TCP/IP 层次模型中与 OSI 参考模型第四层（传输层）相对应的主要协议有＿＿＿＿＿和＿＿＿＿＿，其中后者提供无连接的不可靠传输服务。

4）TCP/IP 的中文含义是＿＿＿＿＿＿＿。

5-2-3　简答题

1）简述 TCP/IP 四层结构中每一层的主要协议。

2）简述 TCP/IP 结构与 OSI/RM 结构的异同。

5.3　IP 地址

5.3.1　IP 地址的概念

    我们知道互联网是全世界范围内的计算机联为一体而构成的通信网络的总称。联在某个网络上的两台计算机之间在相互通信时，在它们所传送的数据包里都会含有某些附加信息，这些附加信息就是发送数据的计算机的地址和接受数据的计算机的地址。比如，人们为了通信的方便给每一台计算机都事先分配一个类似我们日常生活中的电话号码一样的标识地址，该标识地址就是 IP 地址。根据 TCP/IP 规定，IP 地址是由 32 位二进制数组成，而且在 Internet 范围内是唯一的。简单地说，IP 地址就是 IP 为唯一标识网络中的主机所规定的地址。

    例如，某台联在互联网上的计算机的 IP 地址为

11010010　01001001　10001100　00000010

很明显，这些数字对于人来说不太好记忆。人们为了方便记忆，就将组成计算机的 IP 地址的 32 位二进制分成 4 段，每段 8 位，中间用小数点隔开，然后将每 8 位二进制转换成十进制数，这样上述计算机的 IP 地址就变成了 210.73.140.2。

5.3.2　IP 地址的分类

我们说过互联网是把全世界的无数个网络连接起来的一个庞大的网间网，每个网络中的计算机通过其自身的 IP 地址而被唯一标识。这与我们日常生活中的电话号码很相像，例如有一个电话号码为 055285754905，这个号

网络地址	主机地址

图 5-2　IP 地址分成两部分

码中的前 4 位表示该电话是属于哪个地区的，后面的数字表示该地区的某个电话号码。与上面的例子类似，我们把计算机的 IP 地址也分成 2 个部分，分别为网络地址和主机地址。同一个物理网络上的所有主机都用同一个网络地址，网络上的一个主机（包括网络上工作站、服务器和路由器等）都有一个主机地址与其对应。类似地，我们将 IP 地址的 4 字节划分为 2 个部分，一部分用以标明具体的网络段，即网络地址；另一部分用以标明具体的节点，即主机地址，也就是某个网络中特定的计算机号码，如图 5-2 所示。例如，某信息网络中心的服务器的 IP 地址为 210.73.140.2，对于该 IP 地址，我们可以把它分成网络地址和主机地址两部分，这样上述的 IP 地址就可以写成：

网络地址：210.73.140.0

主机地址：　　　　　　2

合起来写：210.73.140.2

由于网络中包含的计算机有可能不一样多，有的网络可能含有较多的计算机，也有的网络包含较少的计算机，于是人们按照网络规模的大小，把 32 位地址信息设成 5 种定位的划分方式，常用的有 3 种划分方法分别对应于 A 类、B 类、C 类 IP 地址。另外两种划分方式对应于 D 类和 E 类 IP 地址，如图 5-3 所示。

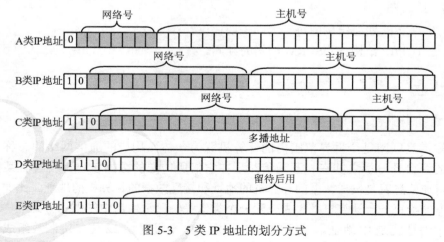

图 5-3　5 类 IP 地址的划分方式

1. A 类 IP 地址

一个 A 类 IP 地址是指，在 IP 地址的 4 段号码中，第 1 段号码为网络号码，剩下的 3

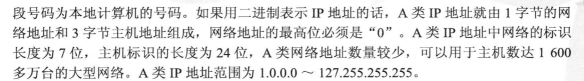

段号码为本地计算机的号码。如果用二进制表示 IP 地址的话，A 类 IP 地址就由 1 字节的网络地址和 3 字节主机地址组成，网络地址的最高位必须是"0"。A 类 IP 地址中网络的标识长度为 7 位，主机标识的长度为 24 位，A 类网络地址数量较少，可以用于主机数达 1 600 多万台的大型网络。A 类 IP 地址范围为 1.0.0.0 ～ 127.255.255.255。

2．B 类 IP 地址

一个 B 类 IP 地址是指，在 IP 地址的 4 段号码中，前 2 段号码为网络号码，剩下的 2 段号码为本地计算机的号码。如果用二进制表示 IP 地址的话，B 类 IP 地址就由 2 字节的网络地址和 2 字节主机地址组成，网络地址的最高位必须是"10"。B 类 IP 地址中网络的标识长度为 14 位，主机标识的长度为 16 位，B 类网络地址适用于中等规模的网络，每个网络所能容纳的计算机数为 6 万多台。B 类 IP 地址范围为 128.0.0.0 ～ 191．255.255.255。

3．C 类 IP 地址

一个 C 类 IP 地址是指，在 IP 地址的 4 段号码中，前 3 段号码为网络号码，剩下的 1 段号码为本地计算机的号码。如果用二进制表示 IP 地址的话，C 类 IP 地址就由 3 字节的网络地址和 1 字节主机地址组成，网络地址的最高位必须是"110"。C 类 IP 地址中网络的标识长度为 21 位，主机标识的长度为 8 位，C 类网络地址数量较多，适用于小规模的局域网络，每个网络最多只能包含 254 台计算机。C 类 IP 地址范围为 192.0.0.0 ～ 223.255.255.255。

D 类 IP 地址中的第一个字节以"1110"开始，D 类 IP 地址不用于标识网络，主要用于其他的特殊用途，例如多目的地址的地址广播范围为 224.0.0.0 ～ 239.255.255.255。

E 类 IP 地址以"11110"开头，范围为 240.0.0.0 ～ 247.255.255.255。暂时保留，用于某些实验和将来扩展使用。

4．特殊 IP 地址

除了上面 5 种类型的 IP 地址外，还有几种特殊的 IP 地址。

（1）网络地址　由一个有效的网络号和一个全 0 的主机号构成。例如：A 类网络中的 121.0.0.0 表示该网络的网络地址；B 类网络中的 181.20.0.0 表示该网络的网络地址；C 类网络中的 201.20.30.0 表示该网络的网络地址。

（2）广播地址　当一个设备向网络上所有的设备发送数据时，就产生了广播。为了能使网络上所有设备能够收到广播，广播地址要有别于其他的 IP 地址，通常这样的 IP 地址以全 1 结尾。IP 广播地址有两种形式：定向广播和有限广播。

1）定向广播地址。如果广播地址包含一个有效的网络号和一个全 1 的主机号，就称为定向广播地址，也有人称它为直接广播地址。

例如，C 类 IP 地址 201.20.30.255 就是一个定向广播地址。网络中的一台主机如果使用该 IP 地址作为数据报的目的 IP 地址，那么这个数据将同时发送给 201.20.30.0 网络上的所有主机。

2）有限广播地址，又称为本地子网广播地址。IP 地址中的每一个字节都为 1 的 IP 地址（255.255.255.255）是当前子网的广播地址。

（3）本网主机地址　IP 地址中的每一个字节都为 0 的地址（0.0.0.0）对应于当前主机。

（4）回送地址　以十进制"127"作为开头。A 类网络地址 127.0.0.0 是一个保留地址，用于网络软件测试以及本地计算机进程间通信。例如：127.1.1.1 用于回路测试。因此，含有网络号 127 的数据报不可能出现在任何网络上。

5.3.3 子网

1. 子网及子网掩码的概念

为了缓解 IP 地址匮乏和更好地进行网络管理，引入了子网的技术。所谓子网，就是将网络内部分成多个部分，每个部分对外像任何一个单独网络一样动作。

在 IP 地址中，网络地址和主机地址是通过子网掩码来区分的。子网掩码是一个 32 位地址，它由两部分组成，前一部分使用连续的 1，用来标识网络地址，后一部分使用连续的 0，用来标识主机地址。

我们为计算机设置 IP 地址时，通常还要设置子网掩码，如图 5-4 所示。

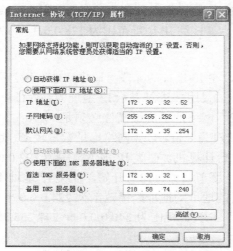

图 5-4　IP 地址及子网掩码设置举例图

2. 确定子网掩码位数

标准的 IP 地址由网络号和主机号组成，如图 5-5 所示。为了在一个网络内部再划分出若干个子网，需要从 IP 地址的主机地址部分"借"位并把它们指定子网号部分。在借位时，必须保留 2B 以上作为主机地址。以 C 类网络来说，主机地址有 1B，所以最多只能借用 6B 去创建子网，如图 5-6 所示。

网络号	主机号	标准IP

网络号	子网号	主机号	子网IP

图 5-5　子网编址

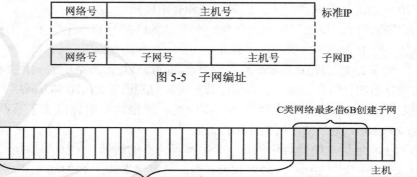

图 5-6　C 类网络借位情况

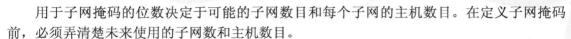

用于子网掩码的位数决定于可能的子网数目和每个子网的主机数目。在定义子网掩码前，必须弄清楚未来使用的子网数和主机数目。

定义子网掩码的步骤为：

1）确定哪些组地址归我们使用。比如我们申请到的网络号为"129.73.a.b"，该网络地址为 C 类 IP 地址，网络标识为"129.73"，主机标识为"a.b"。

2）根据现在所需的子网数以及将来可能扩充到的子网数，用宿主机的一些位来定义子网掩码。比如我们现在需要 12 个子网，将来可能需要 16 个。用第 3 个字节的前 4 位确定子网掩码。前 4 位都置为"1"，即第 3 个字节为"11110000"，这个数我们暂且称做新的二进制子网掩码。

3）把对应初始网络的各个位都置为"1"，即前 2 个字节都置为"1"，第 4 个字节都置为"0"，则子网掩码的间断二进制形式为"11111111.11111111.11110000.00000000"。

4）把这个数转化为间断十进制形式为"255.255.240.0"。这个数为该网络的子网掩码。

3．子网掩码的标注

1）无子网的标注法。对无子网的 IP 地址，可写成主机号为 0 的掩码。例如，IP 地址为 210.73.140.5，掩码为 255.255.255.0。

各类网络的默认子网掩码如下：

A 类 11111111 00000000 00000000 00000000，十进制数表示为 255.0.0.0。

B 类 11111111 11111111 00000000 00000000，十进制数表示为 255.255.0.0。

C 类 11111111 11111111 11111111 00000000，十进制数表示为 255.255.255.0。

2）有子网的标注法。有子网时，以 C 类地址为例。

首先，IP 地址中的前 3 个字节表示网络号，后 1 个字节既表明子网号，又说明主机号，还说明两个 IP 地址是否属于一个网段。

在选择子网号和主机号时应考虑子网号部分能够分成足够的子网，而主机号部分能够容纳足够的主机。子网划分的核心思想是通过自定义的子网掩码，在自己的网络内部进行子网的划分。下面来看一个例子。

某学校现申请了一个 C 类 IP 地址 201.201.201.0，需要划分为两个子网，每个子网有 40 台主机，两个子网用路由器相连，那么应该怎样标注其子网掩码呢？

为划分子网从 IP 地址的第 4 段中借出 2B（$2^n>=2$，n=2 是满足此式的最小整数）作为子网地址。

IP 地址：11001001. 11001001. 11001001.xxxxxxxx，即 201.201.201.x。

子网掩码：11111111.11111111.11111111.11000000，即 255.255.255.192。

在设置计算机的子网掩码时，输入"255.255.255.192"即可。

通过上面的学习，大家对 IP 地址已经有了一定的了解。有了 IP 地址大家就可以发送电子邮件了，并且可以获得 Internet 网上的其他信息。例如，可以获得 Internet 上的 WWW 服务、BBS 服务、FTP 服务等。

4．IP 地址和子网掩码的关系

最为简单的理解就是两台计算机各自的 IP 地址与子网掩码进行 AND 运算后，如果得出的结果是相同的，则说明这两台计算机是处于同一个子网络上的，可以进行直接的通信；反之说明两台计算机不是处在同一个子网络上的，不能进行直接的通信。请看以下示例：

运算演示之一：

    IP 地址 192.168.0.1

    子网掩码 255.255.255.0

    转化为二进制进行运算：

    IP 地址 11010000.10101000.00000000.00000001

    子网掩码 11111111.11111111.11111111.00000000

    AND 运算 11000000.10101000.00000000.00000000

    转化为十进制后为 192.168.0.0

运算演示之二：

    IP 地址 192.168.0.254

    子网掩码 255.255.255.0

    转化为二进制进行运算：

    IP 地址 11010000.10101000.00000000.11111110

    子网掩码 11111111.11111111.11111111.00000000

    AND 运算 11000000.10101000.00000000.00000000

    转化为十进制后为 192.168.0.0

运算演示之三：

    IP 地址 192.168.0.4

    子网掩码 255.255.255.0

    转化为二进制进行运算：

    IP 地址 11010000.10101000.00000000.00000100

    子网掩码 11111111.11111111.11111111.00000000

    AND 运算 11000000.10101000.00000000.00000000

    转化为十进制后为 192.168.0.0

通过以上对三组计算机 IP 地址与子网掩码的 AND 运算后，我们可以看到它们的运算结果是一样的，均为 192.168.0.0。所以计算机就会把这三台计算机视为同一子网络，然后进行通信。

5.3.4　IPv6

IPv6 是"Internet Protocol Version 6"的缩写，它是 IETF 设计的用于替代现行版本 IP 协议（IPv4）的下一代 IP 协议。

目前我们使用的第二代互联网 IPv4 技术，核心技术属于美国。它的最大问题是网络地址资源有限，从理论上讲，IPv4 技术可使用的 IP 地址有 43 亿个，其中北美占有 3/4，约 30 亿个，而人口最多的亚洲只有不到 4 亿个，我国只有 3 千多万个，只相当于美国麻省理工学院的数量。IP 地址的不足，严重地制约了我国及其他国家互联网的应用和发展。

与 IPv4 相比，IPv6 具有以下几个优势：首先就是网络地址近乎无限，根据这项技术，其网络地址可以达到 2 的 128 次方个，如果说 IPv4 的地址总数为一小桶沙子的话，那么 IPv6 的地址总数就像是地球那么大的一桶沙子。其次就是由于每个人都可以拥有一个以上的 IP 地址，网络的安全性能将大大提高。第三就是数据传输速度将大大提高。IPv6 的主要优势还体现在以下几个方面：提高网络的整体吞吐量、改善服务质量（QoS）、支持即插即用和移动性、更好地实现多播功能。根据这项技术，IPv6 相比 IPv4 而言，它可扩展到任意事物之间的对话，它不仅可以为人类服务，还将服务于众多硬件设备，如家用电器、传感器、远程照相机、汽车等，它将是无时不在、无处不在地深入每个角落的真正的宽带网，而且它所带来的经济效益将非常巨大。当然，IPv6 并非十全十美、一劳永逸，不可能解决所有问题。IPv6 只能在发展中不断完善，过渡需要时间和成本，但从长远来看，IPv6 有利于互联网的持续和长久发展。目前，国际互联网组织已经决定成立两个专门的工作组，制定相应的国际标准。

练 习 题

5-3-1　选择题

1）IP 地址是（　　）。

    A．接入 Internet 的主机地址　　　　　　　　B．Internet 中网络资源的地理位置

    C．Internet 中的子网地址　　　　　　　　　　D．接入 Internet 的局域网编号

2）下列选项中，合法的 IP 地址是（　　）。

    A．210.4.253　　　　　　　　　　　　　　　B．202.39.65.8

    C．102.4.306.78　　　　　　　　　　　　　　D．116，145，21，246

3）IP 地址共有 5 类，常用的有（　　）类，其余留作其他用途。

    A．1　　　　　　　　B．2　　　　　　　　C．3　　　　　　　　D．4

4）B 类地址中用（　　）位来标识网络中的一台主机。

    A．8　　　　　　　　B．14　　　　　　　　C．16　　　　　　　　D．24

5）IP 地址的长度为（　　）B。

    A．4　　　　　　　　B．8　　　　　　　　C．16　　　　　　　　D．32

5-3-2　填空题

1）IP 地址分为＿＿＿＿＿＿＿＿＿＿＿＿＿和主机地址两个部分。

2）常用的 IP 地址有＿＿＿＿＿＿、＿＿＿＿＿＿、＿＿＿＿＿＿3 类，另外还有 D 类和 E 类。

3）C 类网络默认的子网掩码是＿＿＿＿＿＿＿＿＿＿＿＿＿＿。

4）用于将 IP 地址解析为 MAC 地址的协议是＿＿＿＿＿＿＿＿＿。

5-3-3　简答题

1）IP 地址与子网掩码的关系是什么？

2）常用的三类 IP 地址范围分别是什么？

3）一个 C 类地址为 192.9.200.13，其子网掩码为 255.255.255.240，那么在其中每个子网上的主机数量最多有多少？整个网络上的主机数量最多有多少？

4）与 IPv4 相比，IPv6 具有哪些优势？

5.4 Internet 的主要应用

Internet 的主要功能有电子邮件服务、万维网服务、文件传输服务、远程登录服务等。为了广大用户上网的方便，Internet 还提供了域名解析服务。

5.4.1 域名系统

1．什么是域名

Internet 域名是 Internet 网络上的一个服务器或一个网络系统的名字，在全世界，没有重复的域名。域名的形式是以若干个英文字母或数字组成，由"."分隔成几部分，如 sohu.com 就是一个域名。

域名与 IP 地址紧密联系在一起，如果把域名比喻成一个人的姓名，IP 地址就是他的身份证号码，理论上二者是一一对应的关系，如图 5-7 所示。

图 5-7　域名与 IP 地址的关系举例说明图

互联网上的域名可谓千姿百态，但从域名的结构来划分，总体上可把域名分成两类，一类称为"国际顶级域名"（简称"国际域名"），一类称为"国内域名"。

一般国际域名的最后一个后缀是一些诸如 .com，.net，.gov，.edu 的"国际通用域"，这些不同的后缀分别代表了不同的机构性质。比如 .com 表示的是商业机构，.net 表示的是网络服务机构，.gov 表示的是政府机构，.edu 表示的是教育机构。

国内域名的后缀通常要包括"国际通用域"和"国家域"两部分，而且要以"国家域"作为最后一个后缀。以 ISO31660 为规范，各个国家都有自己固定的国家域，如 cn 代表中国、us 代表美国、uk 代表英国等。

域名一般是 3 级或 4 级结构，通常不会超过 5 级。如北京大学图书馆主机的域名结构是一个 4 级域名，如图 5-8 所示。

实际上，域名与计算机并不是一一对应的关系，一台计算机可能有多个域名，即一个 IP 地址可以有多个域名。这是由于有些计算机可能提供多个服务，为了方便用户使用，根据提供的不同服务而有多个有特定意义的域名。

图 5-8　主机域名举例

2．域名解析

域名管理系统—— DNS（Domain Name System）是域名解析服务器的意思。它在互联网上的作用是：把域名转换成为网络可以识别的 IP 地址（域名解析）。首先，要知道互联网的网站都是以一台台服务器的形式存在的，但是我们怎么到要访问的网站服务器呢？这就需要给每台服务器分配 IP 地址。互联网上的网站无穷多，我们不可能记住每个网站的 IP 地址，这就产生了方便记忆的域名管理系统（DNS），它可以把输入过且好记的域名转换为要访问的服务器的 IP 地址。比如：我们在浏览器输入 www.chinaitlab.com 之后，会自动转换成为 202.104.237.103。

作为例子，我们考虑某个用户使用运行在本地主机上的一个浏览器（也就是 HTTP 客户）请求 http://www.yesky.com 时会发生什么。为了把 HTTP 请求消息发送到名为 www.yesky.com 的 Web 服务器主机，浏览器必须获悉这台主机的 IP 地址。我们知道，差不多每台主机都运行着 DNS 应用的客户端。浏览器从 URL 中抽取出主机名后把它传递给本地主机上的 DNS 应用客户端。于是 DNS 客户向某个 DNS 服务器发出一个包含该主机名的 DNS 查询消息。DNS 客户最终收到一个包含与该主机名对应的 IP 地址的应答消息。浏览器接着打开一个对位于该 IP 地址的 HTTP 服务器的 TCP 连接。从这个例子中可以看出，DNS 给使用它的互联网应用引入了额外延迟（有时还相当大）。所幸的是，预期的主机名 -IP 地址对应关系往往高速缓存在就近的 DNS 名称服务器主机中，从而帮助降低了 DNS 访问延迟和 DNS 网络流量。

3．域名解析的过程

DNS 的工作原理及过程分下面几个步骤：

第一步：客户机提出域名解析请求，并将该请求发送给本地的域名服务器。

第二步：当本地的域名服务器收到请求后，就先查询本地的缓存，如果有该记录项，则本地的域名服务器就直接返回查询的结果。

第三步：如果本地的缓存中没有该记录，则本地域名服务器就直接把请求发给根域名服务器，然后根域名服务器再返回给本地域名服务器一个所查询域（根的子域）的主域名服务器的地址。

第四步：本地服务器再向上一步返回的域名服务器发送请求，然后接受请求的服务器查询自己的缓存，如果没有该记录，则返回相关的下级域名服务器的地址。

第五步：重复第四步，直到找到正确的记录。

第六步：本地域名服务器把返回的结果保存到缓存中，以备下一次使用，同时还将结果返回给客户机。

让我们举一个例子来详细说明解析域名的过程。假设我们的客户机想要访问站点 www.element.org，此客户本地的域名服务器是 dns.company.com，一个根域名服务器是 ns.inter.net，所要访问的网站的域名服务器是 dns.element.org，域名解析的过程如下：

1）客户机发出请求解析域名 www.element.org 的报文。

2）本地的域名服务器收到请求后，查询本地缓存，假设没有该记录，则本地域名服务器 dns.company.com 应向根域名服务器 ns.inter.net 发出请求解析域名 www.element.org。

3）根域名服务器 ns.inter.net 收到请求后查询本地记录得到如下结果：element.org NS dns.element.org（表示 element.org 域中的域名服务器为 dns.element.org），同时给出 dns.element.org 的地址，并将结果返回给域名服务器 dns.company.com。

4）域名服务器 dns.company.com 收到回应后，再发出请求解析域名 www.element.org 的报文。

5）域名服务器 dns.element.org 收到请求后，开始查询本地的记录，找到如下一条记录：www.element.org　A　211.120.3.12（表示 element.org 域中域名服务器 dns.element.org 的 IP 地址为 211.120.3.12），并将结果返回给客户本地域名服务器 dns.company.com 中。

6）客户本地域名服务器将返回的结果保存到本地缓存，同时将结果返回给客户机。

这样就完成了一次域名解析过程，如图 5-9 所示。

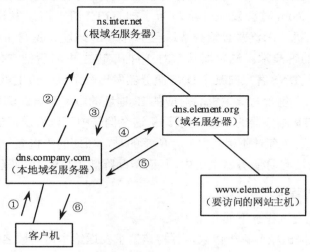

图 5-9　域名解析举例示意图

5.4.2　电子邮件

1．什么是电子邮件

电子邮件（E-mail，也被大家昵称为"伊妹儿"）是 Internet 应用很广的一个服务，是利用 Internet 网络通信系统实现普通信件邮递的一种技术，它利用计算机的存储转发的原理，克服时间、地理上的差距，通过计算机终端和通信网络进行信息传递，用户通过它能以文件的形式传递文本、图像、声音等多种媒体信息。电子邮件的广泛应用，使人们的交流方式得到了极大的改变。

2．电子邮件的工作过程

电子邮件的工作过程遵循客户 - 服务器模式。每份电子邮件的发送都要涉及到发送方与接收方，发送方就是我们说的客户端，而接收方就是我们说的服务器。一个服务器通常含有很多用户的电子信箱。发信者在自己的计算机上（客户端）利用 SMTP 协议将信放在发信者的电子邮件服务器上（此时作为服务端）。收信者的 SMTP 服务器将信转到收信者的 POP3 或 IMAP 服务器上（有时是在同一个服务器设备上），并告知接收者有新邮件到来。接收者通过邮件客户程序连接到服务器后，就会看到服务器的通知，进而打开自己的电子信箱来查收邮件。

通常 Internet 上的个人用户是通过申请 ISP 主机的一个电子信箱，由 ISP 主机负责电子邮件的接收。一旦有用户的电子邮件到来，ISP 主机就将邮件移到用户的电子信箱内，并通知用户有新邮件。收信者从自己的计算机（客户端）用 POP3 协议从收信者的 POP3 服务器上把信收下来。由此可见，我们可以把 ISP 主机看成是"邮局"，它管理着众多用户的电子信箱。每个用户的电子信箱实际上就是用户所申请的账号名。每个用户的电子邮件信箱都要占用 ISP 主机一定容量的硬盘空间，分配给每个用户的空间是有限的，因此用户要定期查收和阅读电子信箱中的邮件，以便腾出空间来接收新的邮件。如图 5-10 所示。

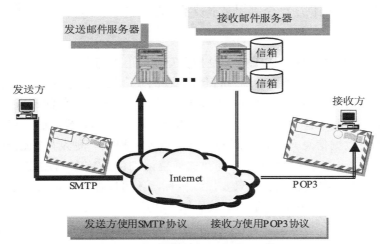

图 5-10　电子邮件的工作过程示意图

常用的收发电子邮件的工具有：Outlook Express 和 Foxmail。

3．电子邮件地址的格式及常见的电子邮件协议

在 Internet 中，邮件地址如同自己的身份。一般而言，邮件地址的格式如下：somebody @domain_name ＋后缀，如 fanxingf@126.com。

此处的 domain_name 为域名的标识符，也就是邮件必须要交付到的邮件目的地的域名。而 somebody 则是在该域名上的邮箱地址。后缀一般代表该域名的性质与地区的代码。例如：com、edu.cn、gov、org 等。

常见的电子邮件协议有以下几种：SMTP（Simple Mail Transfer Protocol，简单邮件传输协议）、POP3（Post Office Protocol3，邮局协议 3）、IMAP（Internet Message Access Protocol，Internet 邮件访问协议）。这几种协议都是由 TCP/IP 协议簇定义的。

SMTP：SMTP 主要负责底层的邮件系统如何将邮件从一台机器传至另外一台机器。

POP：目前的版本为 POP3，POP3 是把邮件从电子邮箱中传输到本地计算机的协议。

IMAP：目前的版本为 IMAP4，是 POP3 的一种替代协议，提供了邮件检索和邮件处理的新功能，这样用户可以完全不必下载邮件正文就可以看到邮件的标题摘要，从邮件客户端软件就可以对服务器上的邮件和文件夹目录等进行操作。IMAP 协议增强了电子邮件的灵活性，同时也减少了垃圾邮件对本地系统的直接危害，同时相对节省了用户查看电子邮件的时间。除此之外，IMAP 协议可以记忆用户在脱机状态下对邮件的操作（例如移动邮件、删除邮件等），在下一次打开网络连接的时候会自动执行。

当前的两种邮件接受协议和一种邮件发送协议都支持安全的服务器连接。在大多数流

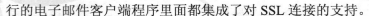

行的电子邮件客户端程序里面都集成了对 SSL 连接的支持。

除此之外，很多加密技术也应用到电子邮件的发送接受和阅读过程中。它们可以提供 128～2 048 位不等的加密强度。无论是单向加密还是对称密钥加密也都得到了广泛的支持。

5.4.3　万维网服务

WWW 服务也称 Web 服务，又称万维网服务，是目前互联网上最方便和最受欢迎的信息服务类型。它向用户提供了一个以超文本技术为基础的多媒体全图形浏览界面。

1．万维网概述

万维网（World Wide Web，WWW）是指在互联网上以超文本为基础形成的信息网（主要表现为各个网站及其超链接关系）。它是由欧洲粒子物理实验室（CERN）研制的基于 Internet 的信息服务系统。WWW 以超文本技术为基础，用面向文件的阅览方式替代通常的菜单的列表方式，提供具有一定格式的文本、图形、声音、动画等，通过将位于 Internet 网上不同地点的相关数据信息有机地编织在一起。WWW 提供一种友好的信息查询接口，用户仅需提出查询要求，而到什么地方查询及如何查询则由 WWW 自动完成。因此，WWW 带来的是世界范围的超级文本服务。只要操纵鼠标，就可以通过 Internet 从全世界任何地方调来你所希望得到的文本、图像（包括活动影像）和声音等信息。

WWW 的成功在于它制定了一套标准的、易为人们掌握的超文本开发语言（HTML）、统一资源定位器（URL）和超文本传输协议（HTTP）。

2．一些重要名词

1）超文本 (Hypertext)：超文本是区别于一般的正文的文本文件。其中的某些字、符号或短语起着"链接"的作用，在显示出来时其字体或颜色变化或者标有下横线，当光标移到上面，并按下鼠标键时，将链接到该文件的另一处或另一个文件。超文本中可能包含图形和图像，其中有些图像也可能起到"链接"的作用，如果有这样的"链接"时，人们通常称为超媒体。

2）超文本传输协议（Http）：它支持 WWW 上信息交换的 Internet 标准，是应用层的协议，通过两个程序实现，即客户端程序和服务器程序。这两个程序通常运行于不同的主机上，通过交换 Http 报文来完成网页的请求和响应。通俗地说是完成网页传输的协议。

3）超文本标记语言 HTML（HyperText Markup Language）：在 WWW 中用来指定一个超媒体文本的内容和格式的一种语言。通俗地说，就是制作网页文件的一种语言规范。超文本的文件扩展名一般为 .html。在一个基本的 HTML 文档中，只允许两种元素存在，即 HTML 标记和普通文本，整个 HTML 文档由各种标记和文本组成。Web 浏览器能将这些 HTML 文档翻译成特定的页面布局。

4）浏览器（Browers）：WWW 的客户端程序被称为 WWW 浏览器，这一程序能够解释并显示超文本文件，它知道如何找到并显示由链接指向的文件。通俗地说，浏览器就是解释并显示网页的一个工具。第一个 WWW 浏览器，是一种文本行式浏览器，它是由 CERN 中的小组完成的。Mosaic，是由伊利诺斯大学的美国超级计算机应用国家中心（NCSA）开发的浏览器。它的出现对 Web 的增长起到了巨大的推动作用。随着 Internet 用户群体的增加，NCSA 扩展了 Mosaic 的开发成果，开发出了基于 Microsoft Windows 和 Macintosh

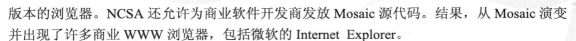

版本的浏览器。NCSA 还允许为商业软件开发商发放 Mosaic 源代码。结果，从 Mosaic 演变并出现了许多商业 WWW 浏览器，包括微软的 Internet Explorer。

1994 年，网景公司推出了 Netscape Navigator 浏览器，在网上可提供免费下载。微软公司看到 Internet 巨大的发展前景，于是也在 1996 年推出了自己的浏览器 Internet Explorer（探险家）并且和网景的 Netscape Navigator（航海家）争分天下。

浏览器可分为基于字符界面和基于图形界面两种。现在浏览器不仅是一个 HTML 的浏览软件，它也为广大用户提供了互联网新闻组、电子邮件与 FTP 协议等功能强大的通信手段。

5）主页：是指个人或机构的基本信息页面，通常是用户使用 WWW 浏览器访问互联网上的任何 WWW 服务器所看到的第一个页面。

6）统一资源定位器（URL）：标识某一特定的信息页所用的一个短的字符串，是一种访问 Internet 资源的方法。URL 主要用在各种 WWW 客户程序和服务程序上，当用户选中某一资源时，客户／服务程序自动查找该资源所在的服务器地址，一旦找到，即将资源调出来，供用户浏览。它能准确解释文档所在的地址及文档的类型。URL 由 3 个部分组成：

信息服务方式：// 主机名字 . 端口 . 路径 . 文件

例如，

http://news.baidu.com/view.html

其中，信息服务方式表示正在使用的协议，如 HTTP、FTP 等。主机名字是文档或服务所在的互联网的主机名，可以是该主机的 IP 地址或域名。端口是指服务所用的端口号，如 HTTP 使用 80 端口、FTP 的端口号为 21 等。一般情况下，由于常用的信息服务程序采用的是标准端口号，所以在 URL 中可以不必给出。路径 . 文件名是与 URL 相关联的数据，经常是子目录／文件名信息。

我们可以通俗地理解上述各个名词之间的关系：我们使用"HTML"建立"超文本"文件（网页），给每个网页都分配一个 URL，浏览器通过每个网页的 URL 定位到某个网页，这个网页上的内容是通过"HTTP"进行传输的。

3．万维网的工作原理

WWW 客户机即浏览器，在用户的计算机上运行，负责向 WWW 服务器发出请求，并将服务器传来的信息显示在用户的计算机屏幕上。

WWW 服务器狭义上是指 HTTP 服务器，就是存放万维网文档，并运行服务器程序的计算机，负责发布信息，并把所要求的数据信息通过网络送回浏览器，通常把 HTTP 服务器称为 WWW 服务器或 Web 服务器。

HTTP 的会话过程包括 4 个步骤（如图 5-11 所示）：

1）使用浏览器的客户机与服务器建立连接。

2）客户机向服务器提交请求，在请求中指明所要的特定文件。

3）如果请求被接收，那么服务器便发回一个应答，在应答中至少包括状态编号和该文件的内容。

4）客户机与服务器断开连接。

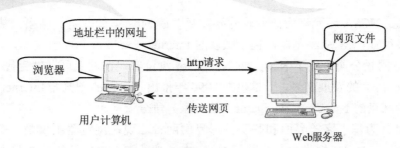

图 5-11　万维网工作原理示意图

4. 创建 Web 站点

用户可以通过两种方式来创建 Web 站点：使用网站向导创建；使用模板文件创建。

这里只介绍使用网站向导创建 Web 站点。

1）在 IIS 管理控制台中，右击"网站"，指向"新建"，选择"网站"，如图 5-12 所示。

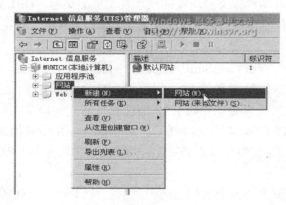

图 5-12　选择"网站"

2）在弹出的"网站描述"页面上单击"下一步"按钮。

3）在"描述"框中输入 Winsvr.org，然后单击"下一步"按钮，如图 5-13 所示。

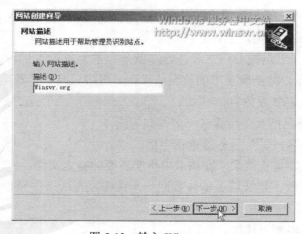

图 5-13　输入 Winsvr.org

4）在"IP 地址和端口设置"页面上，设置此 Web 站点的网站标识（IP 地址、端口和主机头），在此仅能设置一个默认的 HTTP 标识，可以在创建网站后添加其他的 HTTP 标识和 SSL 标识。由于 IIS 中的默认网站尚在运行，它的 IP 地址设置为全部未分配，端口为 80，所以在此不能设置为和默认站点冲突，因此选择网站 IP 地址为 10.1.1.9；保持端口为默认 HTTP 端口 80，不输入主机头，然后单击"下一步"按钮，如图 5-14 所示。

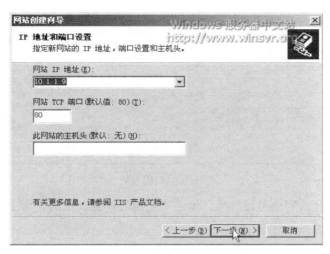

图 5-14　IP 地址和端口的设置

5）在"网站主目录"页面上，输入主目录的路径，主目录就是网站内容存放的目录，在此输入为 C:\winsvr，其实把网站主目录存放在系统分区不是安全的行为，只是此处只有一个驱动器。默认选择"允许匿名访问网站"，允许对此网站的匿名访问，单击"下一步"按钮，如图 5-15 所示。

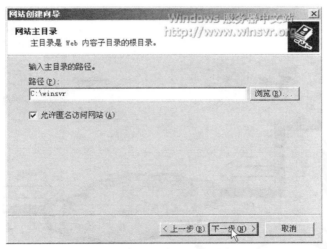

图 5-15　输入主目录的路径

6）在网站访问权限页，默认选择"读取"，即只能读取静态内容。如果需要运行脚本如 ASP 等，则勾选运行脚本（如 ASP），至于其他权限，可根据需要慎重考虑后再选取，如图 5-16 所示。

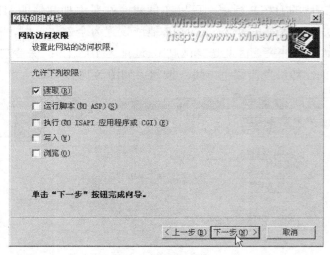

图 5-16 权限设置

7）成功完成"网站创建向导"后，单击"完成"按钮，此时，Web 站点就创建好了。

5.4.4 FTP 服务

1. FTP 服务概述

FTP 文件传输协议（File Transfer Protocol，简称 FTP），是一个用于从一台主机到另一送文件的协议。文件传输是互联网上一种高效、快速地传输大量信息的方式，通过网络可以将文件从一台计算机传送到另一台计算机。FTP 协议是互联网上最早使用的，也是现在使用最广泛的文件传输协议，它允许从远程计算机上获取文件，也允许将本地计算机中的文件复制到远程主机。图 5-17 是它提供的服务的概貌。

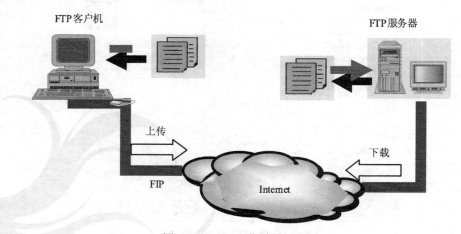

图 5-17 FTP 工作过程示意图

在一个典型的 FTP 会话中，用户通过 FTP 客户程序与 FTP 服务器进行交互。FTP 是 TCP/IP 的一种具体应用，它工作在 OSI 模型的第七层，TCP 模型的第四层上，即应用层，使用 TCP

传输而不是 UDP，这样 FTP 客户在和服务器建立连接前就要经过一个被广为熟知的"三次握手"的过程。以下传文件为例，当启动 FTP 从远程计算机复制文件时，事实上启动了两个程序：一个本地机上的 FTP 客户程序，它向 FTP 服务器提出复制文件的请求。另一个是启动在远程计算机上的 FTP 服务器程序，它响应客户的请求并把指定的文件传送到客户的计算机中。FTP 采用"客户机 / 服务器"方式，用户端要在自己的本地计算机上安装 FTP 客户程序。

　　FTP 服务依赖于 TCP/IP 协议组应用层中的 FTP 协议来实现。FTP 的默认 TCP 端口号是 21，由于 FTP 可以同时使用两个 TCP 端口进行传送（一个用于数据传送，一个用于指令信息传送），所以 FTP 可以实现更快的文件传输速度。如图 5-18 所示。

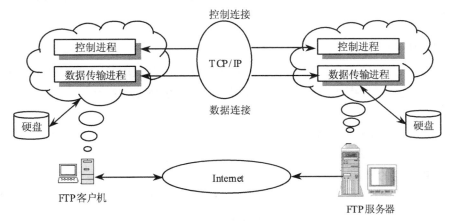

图 5-18　FTP 工作原理示意图

　　使用 FTP 需要专门的客户端软件，例如著名的 BulletFTP、LeapFTP 等，一般的浏览器（如 IE）也可以实现有限的 FTP 客户端功能，如下载文件等。图 5-19 就是在 IE 浏览器中打开的一个 FTP 站点。FTP 服务器的 Internet 地址（URL）与通常在 Web 网站中使用的 URL 略有不同，其协议部分需要写成"ftp://"而不是"http://"，例如，由 Microsoft 创建并提供大量技术支持文件的匿名 FTP 服务器地址为 ftp://ftp.microsoft.com。

图 5-19　IE 浏览器中打开的一个 FTP 站点

在 IE 中打开 FTP 站点，将自动以匿名用户身份登录，这时在窗口中列出的内容就是 FTP 站点根目录下的文件和文件夹。如果我们需要在 IE 中下载一个文件，应遵循如下步骤：

1）在 IE 窗口中右击该文件图标，选择"另存为"，或者双击该文件。

2）在"文件下载"对话框中选择"将该文件保存到磁盘"。

3）确保"在打开这种类型的文件前始终询问"复选框已经被选中。

4）单击"确定"按钮。

5）在"另存为"对话框中选择文件保存路径，完成后单击"确定"按钮。

6）在下载对话框中显示进度，如果文件较大或者网络较慢，可能耗时较长，完成后单击"关闭"按钮。

2．创建 FTP 站点

IIS 在安装时会在硬盘上创建一个默认网站配置，可以使用 \Inetpub\Wwwroot 目录发布 Web 内容，也可以创建所选的任何目录或虚拟目录。为了创建 FTP 站点，必须安装和启动文件传输协议（FTP）服务。默认情况下不会安装它。

使用 IIS 管理器创建网站或 FTP 站点不会创建内容，而只创建一个用于从中发布内容的目录结构和多个配置文件。

新建 FTP 站点的步骤如下：

1）在 IIS 管理器中，展开本地计算机，右键单击"FTP 站点"文件夹，指向"新建"，然后单击"FTP 站点"，出现"FTP 站点创建向导"。

2）单击"下一步"按钮。

3）在"描述"框中，键入站点的名称，然后单击"下一步"按钮。

4）键入或单击站点的 IP 地址（默认值为"全部未分配"）和 TCP 端口，然后单击"下一步"按钮。

5）单击所需的用户隔离选项，然后单击"下一步"按钮。

6）在"路径"框中，键入或浏览到包含或将要包含共享内容的目录，然后单击"下一步"按钮。

7）选中与要指定给用户的 FTP 站点访问权限相对应的复选框，然后单击"下一步"按钮。

8）单击"完成"按钮。

9）要在以后更改这些设置和其他设置，可右键单击 FTP 站点，然后单击"属性"按钮。

5.4.5　远程登录

远程登录是指用户使用 Telnet 命令，使自己的计算机暂时成为远程主机的一个仿真终端的过程。仿真终端等效于一个非智能的机器，它只负责把用户输入的每个字符传递给主机，再将主机输出的每个信息回显在屏幕上。

使用 Telnet 协议进行远程登录时需要满足以下条件：在本地计算机上必须装有包含 Telnet 协议的客户程序；必须知道远程主机的 IP 地址或域名；必须知道登录标识与口令。

Telnet 远程登录服务分为以下 4 个过程：

1）本地与远程主机建立连接。该过程实际上是建立一个 TCP 连接，用户必须知道远程主机的 IP 地址或域名。

2）将本地终端上输入的用户名和口令及以后输入的任何命令或字符以 NVT（Net Virtual Terminal）格式传送到远程主机。该过程实际上是从本地主机向远程主机发送一个 IP 数据报。

3）将远程主机输出的 NVT 格式的数据转化为本地所接受的格式送回本地终端，包括输入命令回显和命令执行结果。

4）本地终端对远程主机进行撤销连接。该过程是撤销一个 TCP 连接。

现在远程登录经常应用于远程配置交换机和路由器，以方便网络管理。

练 习 题

5-4-1　选择题

1）下列关于万维网的概念和工作原理的叙述中，不正确的是（　　）。

　　A．万维网是 WWW 的中文译名

　　B．万维网的应用模式属于"客户机－服务器"模式

　　C．服务器和客户机的地域分布受到相当大的限制

　　D．信息资源以网页的形式存储在 WWW 服务器（又称为"网站"）上

2）为了实现域名解析，客户机（　　）即可。

　　A．知道根域名服务器的 IP

　　B．知道本地域名服务器的 IP 地址

　　C．知道本地域名服务器的 IP 地址和域名服务器的 IP 地址

　　D．知道互联网上任意一个域名服务器的 IP 地址

3）下列名字中，（　　）不符合 TCP/IP 域名系统的要求。

　　A．www-pku-edu-cn　　　　　　　　B．www.pku.edu.cn

　　C．lib.pku.edu.cn　　　　　　　　　D．ftp.pku.edu.cn

4）FTP 最大的特点是（　　）。

　　A．网上几乎所有类型的文件都可以用 FTP 传送

　　B．下载或上传的命令简单

　　C．用户可以使用 Internet 上的匿名服务器

　　D．安全性好

5）下列（　　）不是邮件服务器使用的协议。

　　A．SMTP 协议　　　　　　　　　　B．MIME 协议

　　C．POP 协议　　　　　　　　　　　D．FTP 协议

6）Internet 远程登录的协议是（　　），它允许用户在一台联网的计算机上登录到一个远程分时系统中，然后像使用自己的计算机一样使用该远程系统。

　　A．Usernet　　　　　B．FTP　　　　　C．BBS　　　　　D．Telnet

7）WWW 网页文件是使用下列（　　）语言编写的。

　　A．主页制作语言　　　　　　　　　B．超文本标识语言

C．WWW 编程语言   D．Internet 编程语言

8）以下关于电子邮件说法错误的是（   ）。

   A．用户只要与 Internet 连接，就可以发送电子邮件

   B．电子邮件可以在两个用户间交换，也可以向多个用户发送同一封邮件，或将收到的邮件转发给其他用户

   C．收发邮件必须有相应的软件支持

   D．用户可以以邮件的方式在网上订阅电子杂志

9）主机域名 company.tyt.js.cn 由 4 个子域组成，其中表示网络名的是（   ）。

   A．company   B．tyt   C．js   D．cn

10）主机域名 public.tyt.js.com 由 4 个子域组成，其中表示最高层域的是（   ）。

   A．public   B．tyt   C．js   D．com

11）下列电子邮件地址写法正确的是（   ）。

   A．super public tyt.js.com   B．public tyt.ty.cn@super

   C．super@public tyt js.com   D．super@public.tyt.js.com

12）下列关于域名与 IP 地址关系的说明，正确的说法是（   ）。

   A．主机的 IP 地址和主机的域名一一对应

   B．主机的 IP 地址和主机的域名完全是一回事

   C．一个域名对应多个 IP 地址

   D．一个 IP 地址对应多个域名

13）与 IP 地址相对应的表示主机位置的是（   ）。

   A．域名   B．FTP   C．网站   D．TELNET

5-4-2　填空题

1）域名 com 表示的含义是＿＿＿＿＿，域名 edu 的含义是＿＿＿＿＿，域名 mil 的含义是＿＿＿＿＿。

2）电子邮件传送协议主要有＿＿＿＿、＿＿＿＿、＿＿＿＿和＿＿＿＿。

3）Liubin@163.com 中的 Liubin 表示＿＿＿＿，@ 表示＿＿＿＿，163.com 表示＿＿＿＿。

4）用户可以通过输入＿＿＿＿作为用户名，＿＿＿＿作为口令登录FTP匿名服务器。

5-4-3　简答题

1）简述在 IIS 中，使用网站创建向导创建 Web 站点的步骤。

2）简述在 IIS 中新建 FTP 站点的步骤。

3）HTTP 的会话过程的 4 个步骤是什么？

4）简述域名解析的过程。

5.5　互联网的接入

目前，整个通信网大致可以分为 3 个部分：传送网、交换网和接入网。其中，接入网

又称为用户接入网。

传送网包括国家干线网、省内干线网和市内电话局间通信网等。这些传送网中，基本上是光纤取代了铜线电缆，形成了大容量的光纤干线网，并在不断地改进和完善，进一步扩大了通信容量，满足日益增长的信息传输的需要。交换网主要由电信局的交换机组成，包括市内电话交换机和长途电话交换机，现在还包括有 ATM 和数字交叉连接设备等。

1．目前用户接入互联网的主要方法

网络接入技术是指用户计算机或局域网接入广域网的技术，即用户终端与 ISP 的互联技术。目前用户接入互联网的主要方法有以下几种：

1）以传统的调制解调器拨号上网。

2）以现有电话网铜线为基础的 xDSL 技术接入。

3）以有线电视产业为基础的电缆调制解调技术接入。

4）以光纤为基础的光纤接入网技术接入。

5）以 5 类双绞线为基础的以太网接入技术接入。

6）以扩频通信、卫星通信为基础的无线接入技术接入。

通俗地讲，宽带是指网络速度足以支持视频，通常在 2Mbit/s 以上的通信线路。如果以这个标准来划分的话，以上的 6 种方法又可分为：

1）传统的调制解调器拨号上网，其传输速率一般不超过 56Kbit/s，所以不是宽带。

2）xDSL 分为 6 种：ADSL、HDSL、SHDSL、VDSL（这 4 种都是宽带技术）；ISDL（即 ISDN）、RADSL（这 2 种不是宽带）。

3）电缆调制解调器的传输速率一般可达 3 ～ 50Mbit/s，所以是宽带。

4）以光纤为基础的光纤接入网技术，主要包括光纤到大楼（FTTB），光纤到小区（FTTB），光纤到路边（FTTC）等具体技术，其传输速率超过 2Mbit/s，所以是宽带。

5）以 5 类双绞线为基础的以太网接入技术，能给每个用户提供 10Mbit/s 或 100Mbit/s 的接入速率，所以是宽带。

6）无线接入技术分为很多种。由于现在还远没有广泛应用，这里就不细分了。简单地说，现在民用的无线技术多数不是宽带。

2．以传统的调制解调器拨号上网

以传统的调制解调器拨号上网，需要一台 PC、一台调制解调器（Modem）、一条能拨打市话的电话线和相应的软件等。在电信部门申请一个入网账号即可使用，其最高速度 56Kbit/s，如图 5-20 所示。

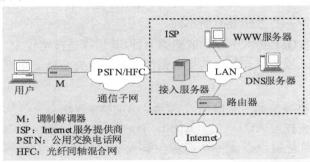

图 5-20　通过传统调制解调器接入

调制解调器（Modem）是通过电话线接入互联网必不可少的设备，其主要功能是进行模拟/数字信号的转换，利用它可以使传输模拟信号的电话线在计算机间传送数字信号。Modem 有内置式和外置式两种，内置 Modem 安装于计算机的机箱内，而外置 Modem 是一个独立的设备，可外接于计算机的串行口上。

在 Windows XP 系统下，以传统的调制解调器拨号上网的详细步骤如下：

1）从电信局申请 Internet 账号。

2）安装硬件。将外置调制解调器连到计算机串口，接入电话线，打开电源开关。

3）安装驱动程序。根据系统提示，安装相应的调制解调器驱动程序。配置完成后启动计算机，打开"我的电脑"→控制面板→"添加新硬件"。

4）建立连接。

① 打开"开始"→"程序"→"Internet Explorer"→"连接向导"。

② 选择第 3 种接入方式，单击"下一步"按钮。

③ 选择通过电话线和调制解调器连接，单击"下一步"按钮。

④ 输入 ISP 所在区号和电话号码。

⑤ 输入用户名和初始密码，单击"下一步"按钮。

⑥ 输入拨号连接名，单击"下一步"按钮。

⑦ 在"你想现在设置一个 Internet 邮件账号吗？"窗口中，选"否"，单击"下一步"按钮，接着在出现的窗口中单击"完成"按钮，完成拨号网络的设置。

⑧ 在"我的电脑"中打开拨号网络，双击图标，在打开的对话框中单击"连接"按钮，则开始拨号上网。

3．以现有电话网铜线为基础的 xDSL 技术接入

xDSL 是 DSL（Digital Subscriber Line）的统称，即数字用户线路，是以铜电话线为传输介质的点对点传输技术。DSL 技术在传统的电话网络（POTS）的用户环路上支持对称和非对称传输模式，解决了经常发生在网络服务供应商和最终用户间的"最后一公里"的传输瓶颈问题。由于电话用户环路已经被大量铺设，因此充分利用现有的铜缆资源，通过铜质双绞线实现高速接入就成为运营商成本最小且最现实的宽带接入网解决方案。DSL 技术目前已经得到大量应用，是非常成熟的接入技术。

xDSL 中的"x"代表各种数字用户线技术，如不对称数字用户线（ADSL）、高速数字用户线（HDSL）和高速不对称数字用户线（VDSL）等。它们的主要区别在于上下行链路的对称性以及传输速率和有效距离有所不同。

ADSL 是目前众多 DSL 技术中较为成熟的一种，其优点是带宽较大、连接简单、投资较小。

（1）ADSL 的接入模型　ADSL 的接入模型主要由中央交换局端模块和远端模块组成，如图 5-21 所示。

中央交换局端模块包括在中心位置的 ADSL Modem 和接入多路复合系统，处于中心位置的 ADSL Modem 被称为 ATU－C（ADSL Transmission Unit－Central）。接入多路复合系统中心 Modem 通常被组合成一个被称作接入节点的设备，也被作"DSLAM"（DSL Access Multiplexer）。

远端模块由用户 ADSL Modem 和滤波器组成，用户端 ADSL Modem 通常被称为 ATU－R（ADSL Transmission Unit－Remote）。

（2）ADSL 用户端的连接与设备的安装　ADSL 用户在用户端的设备连接逻辑如图 5-22 所示。ADSL 安装包括局端线路调整和用户端设备安装。用户端的 ADSL 安装非常简易方便，

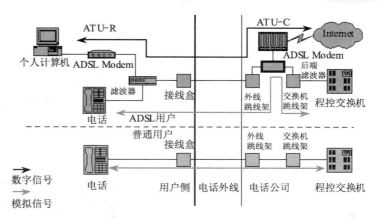

图 5-21　ADSL 接入模型

只要将电话线连上滤波器，滤波器与 ADSL Modem 之间用一条两芯电话线连上，ADSL Modem 与计算机的网卡之间用一条交叉网线连通即可完成硬件安装，再将 TCP/IP 中的 IP、DNS 和网关参数项设置好，便完成了安装工作。安装的线路连接情况如图 5-23 所示。

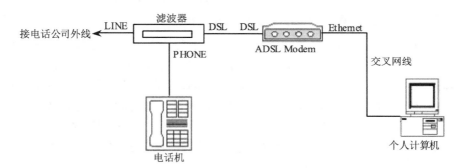

图 5-22　ADSL 用户在用户端的设备连接

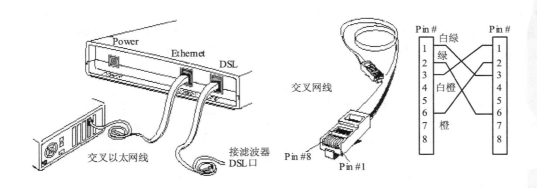

图 5-23　ADSL 的用户端设备安装

（3）局域网用户的 ADSL 设备安装　局域网用户的 ADSL 安装与单机用户没有很大区别，只需再多加一个集线器，用直连网线将集线器与 ADSL Modem 连起来即可，如图 5-24 所示。

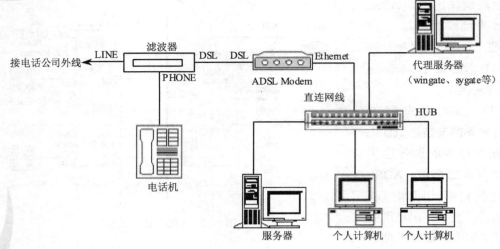

图 5-24　局域网用户的 ADSL 设备安装

目前，ADSL 的连接方式分为两类，即导线方式和虚拟拨号方式。专线方式多用在局域网共享接入；虚拟拨号方式多应用在家庭和小规模的局域网接入。

4．以有线电视产业为基础的电缆调制解调技术接入

Cable Modem 电缆调制解调器（CM）主要用于有线电视网进行数据传输。它是 xDSL 技术最大的竞争对手，广（播）电（视）部门在有线电视（CATV）网上开发的宽带接入技术已经成熟并进入市场。Cable Modem 与以往的 Modem 在原理上都是将数据进行调制后在 Cable（电缆）的一个频率范围内传输，接收时进行解调，其传输机理与普通 Modem 相同，不同之处在于它是通过有线电视（CATV）的某个传输频带进行调制解调的。

（1）HFC 网络　由于同轴电缆可提供较宽的工作频带和良好的信号传输质量，所以，基于现有有线电视网设施的 HFC 接入网技术越来越引起人们的重视。HFC 接入网是以模拟频分复用技术为基础，综合应用模拟和数字传输技术、光纤和同轴电缆技术、射频技术及高度分布式智能技术的宽带接入网络。通过对现有有线电视网进行双向化改造，使得有线电视网除了提供丰富、良好的电视节目之外，还可提供电话、Internet 接入、高速数据传输和多媒体等业务。

一种典型的光纤和同轴电缆混合网络系统的结构如图 5-25 所示。

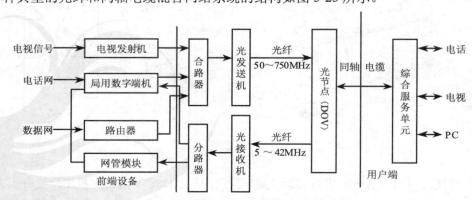

图 5-25　HFC 网络系统结构图

HFC 网络的传输架构中，光纤由有线电视中心头端出发，连接至用户区域的光纤节点（Fiber Node），再由节点以 750MHz 同轴电缆线连出，经由电缆线连到用户家中。HFC 网络传输架构如图 5-26 所示。

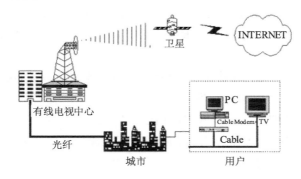

图 5-26　HFC 网络传输架构

（2）用户端的连接与设置：Cable Modem 用户端计算机通过 Cable Modem 和一个有线电视分支器与用户进户的有线电视电缆连接起来，在对计算机进行相应的设置后，用户就可以通过有线电视网实现高速上网了。用户家庭内的连接逻辑图如图 5-27 所示。用户端计算机的设置通常只需设置 IP 地址与 DNS 即可。

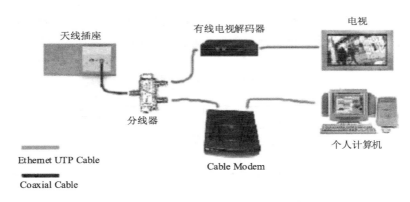

图 5-27　Cable Modem 用户连接示意图

5．以光纤为基础的光纤接入网（OAN）技术接入

（1）光纤接入网的基本构成　光纤接入网（OAN），是指用光纤作为主要的传输媒质，实现接入网的信息传送功能。光纤接入网采用光纤作为主要的传输媒体来取代传统的双绞线。由于光纤上传送的是光信号，因而需要在交换局将电信号进行电光转换变成光信号后再在光纤上进行传输。在用户端则要利用光网络单元（ONU）再进行光电转换恢复成电信号后送至用户设备。

其系统的主要组成部分是 OLT 和远端 ONU。OLT 的作用是为接入网提供与本地交换机之间的接口，并通过光传输与用户端的光网络单元通信。ONU 的作用是为接入网提供用户侧的接口。它可以接入多种用户终端，同时具有光电转换功能以及相应的维护和监控功能。

（2）光纤接入网的形式　根据光纤向用户延伸的距离，也就是 ONU 所设置的位置，光线接入网又有多种应用形式，其中最主要的三种形式是光纤到大楼（FTTB）、光纤到路边（FTTC）、光纤到用户（FTTH）。

FTTB 又分为两种，一种是为公寓大楼用户服务，实际上只是把 FTTC 中的 ONU 从路边移至公寓大楼内；另一种是为办公大楼服务的，将 ONU 设置在大楼内的配线箱处，为企事业单位及商业用户服务。

FTTC 主要为住宅用户提供服务。将 ONU 放置在路边，从 ONU 出来用同轴电缆传送视像业务，双绞线对传送普通电话业务，为各个小区中的用户提供各种宽带业务，如 VOD 等。

FTTH 则是将 ONU 放置在住户家中，由住户专用。为家庭提供各种综合宽带业务。近几年来，随着技术的进步，光电器件成本下降，FTTH 与 FTTC 之间的成本差距正在逐步缩小。

另外还有 FTTO（光纤到办公室）；FTTF（光纤到楼层）；FTTP（光纤到电杆）；FTTN（光纤到邻里）；FTTD（光纤到门）；FTTR（光纤到远端单元）等多种形式。

6．以 5 类双绞线为基础的以太网接入技术接入

目前宽带接入的主要方式有以太网接入、ADSL 接入和 CableModem 接入 3 种。其中 ADSL 和 CableModem 均可利用丰富的铜线资源，因此，在旧的居民小区和大楼中实现宽带接入有很大的优势。但在新建小区和大楼的宽带接入中，以太网接入方式以其高带宽和稳定的性能赢得了很大的市场。

（1）以太网接入模型　从介质上讲，以太网接入网络利用光纤和 5 类双绞线方式实现信息的高速接入。从系统上讲，以太网接入网由小区接入网、楼栋接入网和网络管理系统组成，如图 5-28 所示。

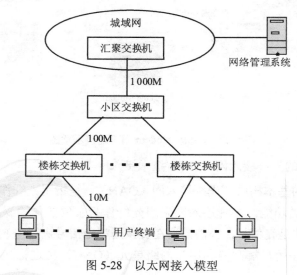

图 5-28　以太网接入模型

（2）用户端的连接与设置　用户端的接入通常有两种情况，一种是光纤接入，主要适应于小型公司、机关等单位，提供的端口为 10Mbit/s 或 100Mbit/s；另一种是双绞线接入，主要适用于家庭用户，提供的端口为 10Mbit/s。

光纤接入的用户需要一个专门的光纤收发器，用于将光信号转换为电信号。

练 习 题

5-5-1　选择题

1）若某一用户要拨号上网，下列（　　）是不必要的。

    A．一条电话线　　　　　　　　　　B．一个调制解调器

    C．一个 Internet 账号　　　　　　　D．一个路由器

2）用户拨号上网时必须用到"Modem"，其主要功能是（　　）。

    A．模拟信号与数字信号的转换　　　B．数字信号编码

    C．模拟信号放大　　　　　　　　　D．数字信号放大

3）ISP 是指（　　）。

    A．一种传输协议　　　　　　　　　B．Internet 服务提供商

    C．Internet 的另一种名称　　　　　D．一种 Internet 网上的域名

5-5-2　填空题

1）目前，整个通信网大致可以分为 3 个部分：传送网、交换网和_____。

2）目前，用户接入互联网的主要方法有以下几种：① 以传统的_____拨号上网。② 以现有电话网铜线为基础的_____技术接入。③ 以有线电视产业为基础的_____技术接入。④ 以光纤为基础的_____技术接入。⑤ 以_____双绞线为基础的以太网接入技术接入。⑥ 以扩频通信、卫星通信为基础的_____技术接入。

3）ADSL 的接入模型主要由中央交换局端模块和_____组成。

4）Cable Modem 电缆调制解调器（简称 CM）主要用于_____进行数据传输。

5）光纤接入网（OAN）是指用_____作为主要的传输媒质，实现接入网的信息传送功能。

5-5-3　简答题

1）简述在 Windows XP 系统下，以传统的调制解调器拨号上网的步骤。

2）简述光纤接入网的几种主要形式。

3）简单分析 ADSL 的接入模型。

本 章 小 结

Internet 是人类历史发展中的一个伟大的里程碑，它是未来信息高速公路的雏形，人类正由此进入一个前所未有的信息化社会。

准确地说 TCP/IP 是一个协议组（协议集合），其中包括了 TCP 和 IP 以及其他一些协议。因此，一定要明确 TCP/IP 不只代表 TCP 和 IP，它代表的是一组协议。它遵守一个四层的模型概念：应用层、传输层、互联层（网络层）和网络接口层。

IP 地址就是 IP 协议为唯一标识网络中的主机所规定的地址。我们将 IP 地址的 4 个字节划分为 2 个部分，一部分用以标明具体的网络段，即网络地址；另一部分用以标明具体

的节点，即主机地址，也就是说某个网络中的特定的计算机号码。人们按照网络规模的大小，把 32 位地址信息设成 5 种定位的划分方式，常用的有 3 种划分方法分别对应于 A 类、B 类、C 类 IP 地址。另外两种划分方式对应于 D 类和 E 类 IP 地址。为了缓解 IP 地址匮乏和更好地进行网络管理，引入了子网的技术。所谓子网，就是将网络内部分成多个部分，每个部分对外像任何一个单独网络一样动作。IPv6 是 "Internet Protocol Version 6" 的缩写，它是 IETF 设计的用于替代现行版本 IP 协议（IPv4）的下一代 IP 协议。

Internet 的主要功能有电子邮件服务、万维网服务、文件传输服务、远程登录服务等。为了广大用户上网的方便，Internet 还提供了域名解析服务。

网络接入技术是指用户计算机或局域网接入广域网的技术，即用户终端与 ISP 的互联技术。目前用户接入互联网的主要方法有以下几种：① 以传统的调制解调器拨号上网。② 以现有电话网铜线为基础的 xDSL 技术接入。③ 以有线电视产业为基础的电缆调制解调技术接入。④ 以光纤为基础的光纤接入网技术接入。⑤ 以 5 类双绞线为基础的以太网接入技术接入。⑥ 以扩频通信、卫星通信为基础的无线接入技术接入。

第6章

网络综合布线基础

 职业能力目标

了解综合布线的主要内容及相关标准，为将来进行网络综合布线打好基础。

6.1 布线规范和标准

综合布线系统是信息网络时代的产物，是信息网络时代的"信息高速公路"，为了科学地进行网络综合布线，人们制定了许多综合布线系统的标准。从标准所在地区区分，有如下3个主要标准：①在国际上有 ISO/IEC 11801。②北美有 ANSI/EIA/TIA 568A。③欧洲地区有 EN 50173。从工作流程的不同阶段分，有如下两个著名标准：①施工安装有 EIA/TIA 569。②测试有非屏蔽双绞线敷设系统现场测试传送性能规范 ANSI/TIA/EIA PN 3287，即 TSB67。我们国家有如下两个重要标准：①中国工程建设标准化协会标准《建筑与建筑群综合布线系统工程设计规范》CECS72:97。②《建筑与建筑群综合布线 系统工程施工与验收规范》CECS 89:97 可供使用；另外不同的省或地区也有自己的标准，如山东省有《综合布线系统的测试和验收》，山东省地方标准作为甲方单位验收、测试的依据。

实际上，布线系统标准领域的先行者是 EIA/TIA 协会，1985 年 EIA/TIA 开始布线标准的制定工作，经过 6 年的努力，于 1991 年形成第一版 EIA/TIA 568，这是综合布线标准的奠基性文件。与 EIA/TIA 569、TSB 67、TSB 40 等文件形成北美综合布线系列文件。TSB 36 是关于水平布线电缆的技术系统手册，TSB 40 是关于墙上插座的技术系统手册，主要涉及损耗、串音和反射方面必须遵守的测量方法和允许值。EIA/TIA 568 标准经过改进，于1995 年 10 月正式修订为 EIA/TIA 568A 标准。

综合布线国际标准 ISO/IEC 11801《信息技术—客户通用电缆敷设要求》于 1995 年 8 月16 日正式颁布。欧洲 CENELEC 颁布的标准 EN 50173 是在 ISO 11801 的基础上完成的，已经得到欧洲共同体的批准，并在 1995 年 7 月开始执行。

6.2 综合布线系统的主要内容

当今世界已进入信息时代，21 世纪将是以信息网络为核心的信息时代。数字化、网络化、

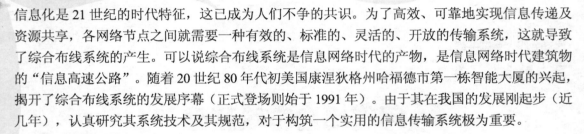

信息化是 21 世纪的时代特征，这已成为人们不争的共识。为了高效、可靠地实现信息传递及资源共享，各网络节点之间就需要一种有效的、标准的、灵活的、开放的传输系统，这就导致了综合布线系统的产生。可以说综合布线系统是信息网络时代的产物，是信息网络时代建筑物的"信息高速公路"。随着 20 世纪 80 年代初美国康涅狄格州哈福德市第一栋智能大厦的兴起，揭开了综合布线系统的发展序幕（正式登场则始于 1991 年）。由于其在我国的发展刚起步（近几年），认真研究其系统技术及其规范，对于构筑一个实用的信息传输系统极为重要。

6.2.1　PDS 基础知识

1．什么是综合布线系统 PDS

综合布线系统（Premises Distribution System，PDS）又称结构化布线系统（Structured Cabling System，SCS），它采用高质量的标准线缆及相关接插件，在建筑物内组成标准、灵活、开放的传输系统，既可以传输数据、语音、图像及其他各种控制信号，又可以与建筑物外部的信息通信网络互连，因而成为一种能够适应信息网络时代的建筑物"信息高速公路"。它是智能建筑的必备基础设施之一。

2．PDS 的优点

与传统的布线系统相比，PDS 的基本优点为：兼容性、开放性、灵活性、可靠性、先进性。除此以外，它还具有如经济性、良好的性能价格比、可维护性好等优点。

3．PDS 的基本组成及功能

PDS 由以下 6 个部分组成，分别实现各自的功能，如图 6-1 和图 6-2 所示。

（1）工作区子系统（Work Area Subsystem）　由终端设备到信息插座之间的连线及信息插座组成，实现终端设备到信息插座之间的连接。

（2）水平布线子系统（Hori Zontal Subsystem）　由楼层配线架至用户区信息插座之间的 3 类和 5 类线缆组成，实现楼层配线架到用户区信息插座之间的连接。

（3）垂直干线子系统（Riser Backbone Subsystem）　由楼层配线架至主配线之间的 3 类和 5 类大对数铜缆或光缆组成，实现楼层配线架至主配线之间的连接。

（4）管理子系统（Administration Subsystem）　由楼层配线架（含光缆接续箱）及跳线设备组成，实现配线管理。

（5）设备间子系统（Equipment Subsystem）　由主配线架及各种公共设备（计算机主机、数字程控交换机、各控制系统、网络互连设备、电器保护装置等）组成，实现主配线架及各种公共设备之间的连接。

（6）建筑群室连接子系统（Campus Backbone Subsystem）　由主建筑物中的主配线架延伸到另外一些建筑物的主配线架的连接系统组成（3 类和 5 类大对数铜缆、光缆及电器保护设备等）。

4．PDS 的拓扑结构

PDS 的拓扑结构可以是星形、总线型、环形及树形，也可以是以上两种或多种拓扑结构有机地结合在一起，即混合拓扑结构。具体选用何种拓扑结构视应用情况确定，其基本原则主要包括：可靠性（故障隔离容易）、灵活性（终端设备的增减灵活）、可扩性（适应当前及今后需要）。目前较为流行的为星形拓扑结构以及星形同环形（需要 FDDI 网主干时）

结合在一起的混合拓扑结构。

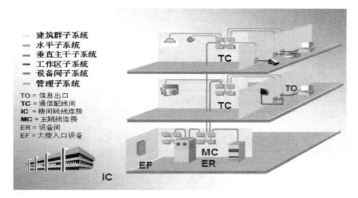

图 6-1　PDS 系统结构模拟图

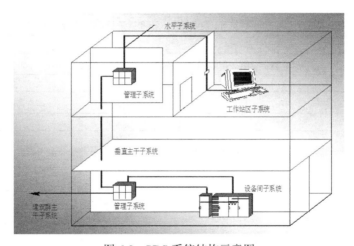

图 6-2　PDS 系统结构示意图

6.2.2　PDS 的设计

PDS 是高科技的复杂系统,投资大,使用期限长。"百年大计,质量为重",一定要科学设计,精心施工,及时维护,才能确保系统达到预期目的。设计时必须考虑以下几点:

1)精确理解系统需求和长远计划。PDS 使用期一般较长,考虑应尽量周到。

2)考虑未来应用对 PDS 的需求,如有抗干扰要求的,需采用屏蔽线缆。

3)传输介质和接插件在接口和电气特性等方面需保持一致,不宜采用多家产品混用的方式。

4)考虑采用最符合国际标准、性价比更优越、工艺标准更高的产品。

5)布线产品一般保用期需在 15 年以上。

6)水平布线等隐蔽工程尽量一步到位。

7)选择实力强大、经验丰富、管理规范、售后服务良好的系统集成商。

8)PDS 思想应介入前期建筑结构设计中,PDS 实施应介入建筑施工中。

PDS 的设计一般应按下述步骤进行：①分析用户需求。②获取建筑物图样。③系统结构设计。④布线路由设计。⑤可行性论证。⑥绘制 PDS 施工图。⑦编制 PDS 用料清单，如图 6-3 所示。

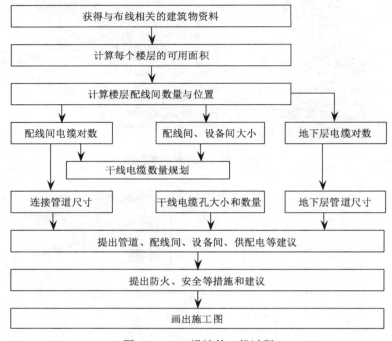

图 6-3　PDS 设计的一般过程

6.2.3　测试与验收

综合布线的测试和验收是确保整个工程质量和投资回报的关键一步。它分为前期、中期和完工 3 个工作过程。

前期工作主要是了解施工现场和规划，确定 PDS 布线设计方案与可行性，提供周围环境的测试报告，提供信息点布置图、水平／垂直／建筑群管线图、配线间／设备间配置图、设备配置清单、施工计划、设计要求、测试标准和工程人员网络等文档。

中期工作就是监理过程，确保施工按设计规范和进度完成。通过抽查和测试保证工程的每个阶段都是合格的，提供抽样测试报告，同时根据实际情况，协调设计方案的局部调整。其实有些测试不能等完工了再测试，那样返工量太大。

完工工作是最后的竣工验收，依据设计要求逐项验证，以证明工程合格并可投入运行。布线施工精品图如图 6-4 所示。

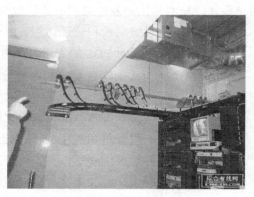

图 6-4　布线施工精品图

练 习 题

简答题

1）什么是综合布线系统 PDS？

2）PDS 的优点有哪些？

3）简述 PDS 的基本组成及功能。

4）PDS 的设计一般过程是什么？

5）综合布线的测试和验收包括哪 3 个步骤？

本 章 小 结

本章主要介绍了综合布线系统的有关标准和工作流程。综合布线系统是信息网络时代的产物，是信息网络时代建筑物的"信息高速公路"。随着 20 世纪 80 年代初美国康涅狄格州哈福德市第一栋智能大厦的兴起，揭开了综合布线系统的发展序幕（正式登场则始于1991 年）。综合布线系统（Premises Distribution System，PDS）又称结构化布线系统（Structured Cabling System，SCS），它采用高质量的标准线缆及相关接插件，在建筑物内组成标准、灵活、开放的传输系统，既可以传输数据、语音、图像及其他各种控制信号，又可以与建筑物外部的信息通信网络互连。因而，成为一种能够适应信息网络时代的建筑物"信息高速公路"。它是智能建筑的必备基础设施之一。PDS 由 6 个部分组成：工作区子系统（Work Area Subsystem）、水平布线子系统（Hori Zontal Subsystem）、垂直干线子系统（Riser Backbone Subsystem）、管理子系统（Administration Subsystem）、设备间子系统（Equipment Subsystem）、建筑群室连接子系统（Campus Backbone Subsystem）。PDS 的拓扑结构可以是星形、总线型、环形及树形，也可以是以上两种或多种拓扑结构有机地结合在一起，即混合拓扑结构。综合布线的测试和验收是确保整个工程质量和投资回报的关键一步。它分为前期、中期和完工三个工作过程。

第7章

计算机网络设备

 职业能力目标

1）知道计算机网络设备的分类。

2）了解各种网络设备的工作原理，清楚主要设备的安装方法。

3）理解各种网络设备的作用，为使用和管理这些设备打好基础。

7.1 物理层设备

网络设备按照其主要用途可以分为三大类：

（1）接入设备 用于计算机与计算机网络连接的设备，常见的有网卡和调制解调器等。

（2）网络互联设备 用于实现网络之间的互联，主要设备有中继器、交换机和路由器等。

（3）网络服务设备 用于提供远程网络服务的设备如网络服务器和网络打印机等。

另外，根据这些设备工作的不同层次，又可分为物理层设备、数据链路层设备和网络层设备等。

物理层上的网络设备主要有中继器、调制解调器和集线器。

7.1.1 中继器

中继器（Repeater，RP）是工作于 OSI 的物理层，连接网络线路的一种装置。

1. 中继器的作用

中继器常用于两个网络节点之间物理信号的双向转发工作，连接两个（或多个）网段，对信号起中继放大作用，补偿信号衰减，支持远距离的通信。中继器主要完成物理层的功能，负责在两个节点的物理层上按位传递信息，完成信号的复制、调整和放大功能，以此来延长网络的长度。中继器对所有送达的数据不加选择地予以传送。

它是最简单的网络互连设备，连接同一个网络的两个或多个网段。如以太网常常利用中继器扩展总线的电缆长度，标准细缆以太网的每段长度最大 185m，最多可有 5 段，因此增加中继器后，最大网络电缆长度可提高到 925m。再如，以太网标准规定单段信号传输电缆的最大长度为 500m，但利用中继器连接 4 段电缆后，以太网中信号传输电缆最长可达 2 000m。中继器只将任何电缆段上的数据发送到另一段电缆上，并不管数据中是否有错误数据或不适于网段的数据。

2．中继器的局限

中继器工作于 OSI 模型的物理层，因此只能连接具有相同物理层协议的网络。当网络负载较重，网段间使用不同的访问方式，或需要数据过滤时，不能使用中继器。

从理论上讲中继器的使用是无限的，网络也因此可以无限延长。事实上这是不可能的，因为网络标准中都对信号的延迟范围作了具体的规定，中继器只能在此规定范围内进行有效的工作，否则会引起网络故障。

7.1.2　调制解调器

1．调制解调器简介

Modem 是 Modulator/Demodulator（调制器 / 解调器）的缩写。它是在发送端通过调制将数字信号转换为模拟信号，而在接收端通过解调再将模拟信号转换为数字信号的一种装置。

Modem，其实是 Modulator（调制器）与 Demodulator（解调器）的简称，中文称为调制解调器。也有人根据 Modem 的谐音，亲昵地称之为"猫"。

2．调制解调器的功能

计算机内的信息是由"0"和"1"组成的数字信号，而在电话线上传递的却只能是模拟电信号。于是，当两台计算机要通过电话线进行数据传输时，就需要一个设备负责数模的转换。这个数模转换器就是 Modem。计算机在发送数据时，先由 Modem 把数字信号转换为相应的模拟信号，这个过程称为"调制"。经过调制的信号通过电话载波传送到另一台计算机之前，也要经由接收方的 Modem 负责把模拟信号还原为计算机能识别的数字信号，这个过程称为"解调"。正是通过这样一个"调制"与"解调"的数模转换过程，从而实现了两台计算机之间的远程通信。

3．调制解调器的分类

调制解调器有内置式和外置式，另外较新的还有 USB 接口的 Modem，以及专门用于笔记本电脑的 PCMCIA 接口的调制解调器。

（1）内置式 Modem　内置式和普通的计算机插卡一样，大家都称为传真卡，外置式的却只能叫作调制解调器或 Modem 了。让我们先来看一下内置式的 Modem。

图 7-1 展示的是一块即插即用的 Modem，卡上没有跳线。它有两个接口，一个标明"Line"的字样，用来接电话线；另一个标明"Phone"的字样，用来接电话机。此外它是一块支持语音的 Modem 卡，除正常的两个插口外，它还有一个麦克风接口和声音出口。

（2）外置式 Modem　我们再来看一下外置式的 Modem，图 7-2 展示的是一个 Hayes 外置调制解调器。25 针的 RS232 接口，用来和计算机的 RS232 口（串口）相连。标有"Line"

的接口接电话线，标有"Phone"的接电话机。不同的 Modem 外形不同，但这些接口都是类似的。除此之外，它带有一个变压器，为其提供直流电源。

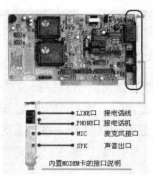

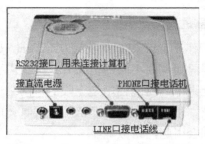

图 7-1 一块即插即用的 Modem　　图 7-2 一个 Hayes 外置调制解调器

在外置调制解调器上，我们经常看到一些指示灯，它们指示 Modem 的工作状态，其含义见表 7-1。

表 7-1 外置式 Modem 上一些指示灯的含义

MR:	调制解调器就绪或进行测试	TR:	终端就绪	SD:	发送数据
RD:	接收数据	OH:	摘机	CD:	载波检测
AA:	自动应答	HS:	高速		

外置 Modem 的外形和内置式差别很大，但功能是一样的。

（3）USB 接口的 Modem USB 技术的出现，给计算机的外围设备提供更快的速度、更简单的连接方法。SHARK 公司率先推出了 USB 接口的 56K 的 Modem，如图 7-3 所示。这个只有呼机大小的 Modem 的确给传统的串口 Modem 带来了挑战。只需将其接在主机的 USB 接口即可，通常主机上有 2 个 USB 接口，而 USB 接口可连接 127 个设备，如果要连接多设备还可购买 USB 的集线器。

图 7-3 USB 接口的 Modem

4．调制解调器的传输协议

Modem 的传输协议包括调制协议（Modulation Protocols）、差错控制协议（Error Control Protocols）、数据压缩协议（Data Compression Protocols）和文件传输协议。

5．调制解调器的安装

Modem 的安装过程可以分为硬件安装与软件安装。

1）外置式 Modem 的硬件安装。

第一步：连接电话线。把电话线的 RJ11 插头插入 Modem 的 Line 接口，再用电话线把 Modem 的 Phone 接口与电话机连接。

第二步：关闭计算机电源，将 Modem 所配的电缆的一端（25 针阳头端）与 Modem 连接，另一端（9 针或者 25 针插头）与主机上的 COM 口连接。

第三步：将电源变压器与 Modem 的 POWER 或 AC 接口连接。接通电源后，Modem 的

MR 指示灯应长亮。如果 MR 灯不亮或不停闪烁，则表示未正确安装或 Modem 自身故障。

2）Modem 的软件安装。主要是指安装调制解调器的驱动程序。Windows 系列的操作系统都具有即插即用功能，操作系统会自动检测连接到计算机上的一些新硬件，并会启动安装向导进行相应驱动程序的安装，用户只需根据安装向导的提示完成相应的设置即可完成新硬件的驱动程序的安装。

7.1.3　集线器

集线器（HUB）属于数据通信系统中的基础设备，它和双绞线等传输介质一样，是一种不需任何软件支持或只需很少管理软件管理的硬件设备。它应用于 OSI 参考模型第一层，因此又被称为物理层设备。

1．集线器的基本工作原理

集线器与每个站点之间，是用专用的传输介质连接的，各节点间不再只有一个传输通道。集线器的工作原理很简单，以图 7-4 为例，图中是一个具备 8 个端口的集线器，共连接了 8 台计算机。集线器处于网络的"中心"，它的作用是对各个站点的信号进行转发。8 台计算机之间可以相互发送信息。具体通信过程是：假如计算机 1 要将一条信息发送给计算机 8，计算机 1 的网卡首先将信息通过双绞线送到集线器上，集线器会将信息进行"广播"，也就是说将信息同时发送给 8 个端口，当 8 个端口上的计算机接收到这条广播信息时，会对信息进行检查，如果发现该信息是发给自己的，则接收，否则不予理睬。由于该信息是计算机 1 发给计算机 8 的，因此最终只有计算机 8 会接收该信息，而其他 7 台计算机看完信息后，会因为信息不是自己的将这些信息丢弃。

这种广播发送数据方式显然存在两方面的不足：①用户数据包向所有节点发送，很可能带来数据通信的不安全因素，会被别有用心的非法者截获他人的数据包。②由于所有数据包都是向所有节点同时发送，因此会造成带宽的浪费，甚至可能造成网络拥塞现象，更加降低了网络通信的效率。

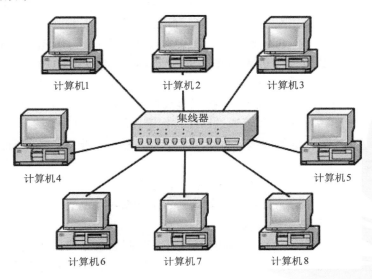

图 7-4　集线器与计算机连接示意图

2．集线器的特点

（1）共享带宽　集线器的带宽是指它通信时能够达到的最大速度。目前市面上用于中小型局域网的集线器主要有 10 Mbit/s、100 Mbit/s 和 10/100 Mbit/s 自适应三种。

（2）半双工　由于集线器采取的是"广播"传输信息的方式，因此集线器传送数据时只能工作在半双工状态下，比如说计算机 1 与计算机 8 需要相互传送一些数据，当计算机 1 在发送数据时，计算机 8 只能接收计算机 1 发过来的数据，只有等计算机 1 停止发送并做好了接收准备，它才能将自己的信息发送给计算机 1 或其他计算机。

3．集线器的分类

（1）按端口数量划分　这是最基本的分类标准之一。目前主流集线器主要有 8 口、16 口和 24 口等大类。

（2）按带宽划分　集线器也有带宽之分，如果按照集线器所支持的带宽不同，我们通常可分为 10 Mbit/s、100 Mbit/s、10/100 Mbit/s 三种。

（3）按照配置的形式划分　如果按整个集线器的配置来分，一般可分为独立型集线器、模块化集线器和堆叠式集线器三种。

1）独立型集线器。这种类型的集线器在低端应用是最多的，也是最常见的。独立型集线器是带有许多端口的单个盒子式的产品，独立型集线器之间多数是可以用一段 10Base-5 同轴电缆把它们连接在一起，以实现扩展级联，这主要应用于总线型网络中，当然也可以用双绞线通过普通端口实现级连，但要注意所采用的网线跳线方式不一样。

2）模块化集线器。模块化集线器一般都配有机架，带有多个卡槽，每个槽可放一块通信卡，每个卡的作用就相当于一个独立型集线器，多块卡通过安装在机架上的通信底板进行互连并进行相互间的通信。现在常使用的模块化 HUB 一般具有 4 ～ 14 个插槽。模块化集线器各个端口都有专用的带宽，只在各个网段内共享带宽，网段之间采用交换技术，从而减少冲突，提高通信效率，因此又称为端口交换机模块化 HUB。

3）堆叠式集线器。堆叠式集线器可以将多个集线器"堆叠"使用，当它们连接在一起时，其作用就像一个模块化集线器一样。堆叠在一起的集线器可以当作一个单元设备来进行管理。一般情况下，当有多个 HUB 堆叠时，其中存在一个可管理 HUB，利用可管理 HUB 对此可堆叠式 HUB 中的其他"独立型 HUB"进行管理。可堆叠式 HUB 非常方便地实现了对网络的扩充，是新建网络时最为理想的选择。

（4）从是否可进行网络管理划分　按照集线器是否可被网络管理分，有不可通过网络进行管理的"非网管型集线器"和可通过网络进行管理的"网管型集线器"两种。

1）非网管型集线器。这类集线器也称为傻瓜集线器，是指既无需进行配置，也不能进行网络管理和监测的集线器。

2）网管型集线器。这类集线器也称为智能集线器，可通过 SNMP 协议（Simple Network Management Protocol，简单网络管理协议）对集线器进行简单管理的集线器，这种管理大多是通过增加网管模块来实现的。

可网管集线器在外观上都有一个共同的特点，即在集线器前面板或后面板都提供一个 Console 端口。虽然 Console 端口的接口类型因不同品牌或型号的集线器而不同，有的为 DB － 9 串行口，如图 7-5a 所示；有的为 RJ-45 端口，如图 7-5b 所示。但共同的一点就是

在该端口都标注有"Console"字样，我们只需要找
到标有这个字样的端口即可。

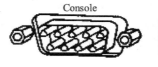

a)　　　　　　b)

图 7-5　Console 端口

4．集线器的连接

集线器的连接主要有两种情况：

（1）集线器之间的连接　当网络中集线器的端
口不够用时，可以通过增加集线器来提供更多的端口，此时需要将两个集线器进行连接。通
常情况下，集线器之间的连接是采用级联的方式，即把网络一端接在集线器的普通端口上，
另一端接在另一个集线器的级联端口（UpLink）上。如果集线器没有提供级联端口，可以
使用两个普通端口进行连接，此时的连接所用的双绞线需要进行跳线。

（2）集线器与计算机网卡的连接　在集线器的面板上有许多 RJ-45 端口，可按照直通
线制作好的网线的水晶头一端插入集线器的插孔中，另一端插入计算机网卡的插孔中。

练 习 题

7-1-1　选择题

1）计算机为了通过串行口将数据发送出去，必须（　　）。

A．通过适配器将并行位流转换成串行位流

B．将数字信号转换为模拟信号

C．将模拟信号转换为数字信号

D．通过适配器将串行位流转换为并行位流

2）把计算机输出的信号转换成普通双绞线线路上能传输的信号的设备是哪种（　　）。

A．SDH 传输设备　　　B．交换机　　　　　　C．调制解调器　　　　D．交接箱

3）在中继系统中，中继器处于（　　）。

A．物理层　　　　　　B．数据链路层　　　　C．网络层　　　　　　D．高层

4）电话线连接到 Modem 时插入的端口为（　　）。

A．PHONE　　　　　　B．LINE　　　　　　　C．IN　　　　　　　　D．OUT

5）网络中使用的互连设备 HUB 称为（　　）。

A．集线器　　　　　　B．路由器　　　　　　C．服务器　　　　　　D．网关

6）接口数是集线器的一个参数，12 口集线器中的 12 是指（　　）。

A．所能连接的服务器数目　　　　　　　　B．集线器中所有的端口数

C．可以连接的网络个数　　　　　　　　　D．所能连接的工作站数目

7-1-2　填空题

1）网络设备按照其主要用途可以分为三大类：接入设备；_____；网络服
务设备。

2）物理层上的网络设备主要有中继器、_____和集线器。

3）标准细缆以太网的每段长度最大 185m，最多可有 5 段，因此增加中继器后，最大
网络电缆长度则可提高到_____米。

4）调制解调器有内置式和_____，另外较新的还有 USB 接口的 Modem，以及专门用于笔记本电脑的 PCMCIA 接口的调制解调器。

5）按整个集线器的配置划分，一般可分为独立型集线器、_____集线器和堆叠式集线器三种。

7-1-3 简答题

1）简述外置式 Modem 的硬件安装。

2）简述集线器的特点。

7.2 数据链路层设备

7.2.1 网卡

1．什么是网卡

计算机与外界局域网的连接是通过主机箱内插入一块网络接口板（或者是在笔记本电脑中插入一块 PCMCIA 卡）。网络接口板又称为通信适配器或网络适配器（adapter）或网络接口卡 NIC（Network Interface Card），但是现在更多的人愿意使用更为简单的名称"网卡"。

2．网卡的功能

网卡是工作在数据链路层的网络组件，是局域网中连接计算机和传输介质的接口，不仅能实现与局域网传输介质之间的物理连接和电信号匹配，还涉及帧的发送与接收、帧的封装与拆封、介质访问控制、数据的编码与解码以及数据缓存功能等。

3．选购网卡时应考虑的因素

在组网时是否能正确选用、连接和设置网卡，往往是能否正确连通网络的前提和必要条件。一般来说，在选购网卡时要考虑以下因素：

（1）网络类型 现在比较流行的有以太网、令牌环网、FDDI 网等，选择时应根据网络的类型来选择相对应的网卡。

（2）传输速率 应根据服务器或工作站的带宽需求并结合物理传输介质所能提供的最大传输速率来选择网卡的传输速率。以以太网为例，可选择的速率就有 10 Mbit/s，10/100 Mbit/s，1 000 Mbit/s，甚至 10 Gbit/s 等多种，但不是速率越高就越合适。例如，为连接在只具备 100 Mbit/s 传输速度的双绞线上的计算机配置 1 000 Mbit/s 的网卡就是一种浪费，因为其至多也只能实现 100 Mbit/s 的传输速率。

（3）总线类型 计算机中常见的总线插槽类型有：ISA、EISA、VESA、PCI 和 PCMCIA 等。在服务器上通常使用 PCI 或 EISA 总线的智能型网卡。工作站则采用 PCI 或 ISA 总线的普通网卡。在笔记本电脑则用 PCMCIA 总线的网卡或采用并行接口的便携式网卡。目前计算机基本上已不再支持 ISA 连接，所以当为自己的计算机购买网卡时，千万不要选购已经过时的 ISA 网卡，而应当选购 PCI 网卡。

（4）网卡支持的电缆接口 网卡最终是要与网络进行连接，所以也就必须有一个接口使网线通过它与其他计算机网络设备连接起来。不同的网络接口适用于不同的网络类型，目前常见的接口主要有以太网的 RJ-45 接口、细同轴电缆的 BNC 接口和粗同轴电缆的 AUI

接口、FDDI 接口、ATM 接口等。而且有的网卡为了适用于更广泛的应用环境，提供了两种或多种类型的接口，如有的网卡会同时提供 RJ-45、BNC 接口或 AUI 接口。

（5）价格与品牌　不同速率、不同品牌的网卡价格差别较大。

4．网卡的安装

网卡的安装包括硬件的安装和驱动程序的安装。

（1）硬件的安装　关闭主机电源，打开主机箱，用水洗手或用手摸一下墙壁等装置，以释放手上的静电，防止静电破坏网卡；拧下主机箱后部挡板上固定防尘片的螺丝，取下防尘片，将网卡对准插槽，然后用适当的力气平稳地将网卡向下压入槽中；将网卡的金属挡板用螺丝固定在条形窗口顶部的螺丝孔上，这个小螺丝既固定了网卡，又能有效地防止短路和接触不良，还连通了网卡与计算机主板之间的公共地线；合上主机箱盖。

（2）驱动程序的安装　安装好网卡后，打开计算机电源，启动计算机操作系统，正常情况下，此时系统会提示发现新的硬件设备，需要安装驱动程序。将装有网卡驱动程序的软盘或光盘插入计算机的相应设备中，根据计算机的安装提示，进行相应的选择设置就可以完成网卡驱动程序的安装。

7.2.2　交换机

交换机又称为网络开关，是专门设计的、使计算机能够相互高速通信的独享带宽的网络设备，属于集线器的一种，但是和普通的集线器在功能上有很大区别。普通的集线器只能起到收发数据

图 7-6　局域网中的交换机

的作用，而交换机可以智能地分析数据包，有选择地将其发送出去。图 7-6 就是一个局域网交换机。

1．交换机的工作原理

交换机英文名称为 Switch，也称为交换式集线器，它是一种基于 MAC 地址（网卡的硬件标志）识别，能够在通信系统中完成信息交换功能的设备。其工作原理可以简单地描述为"存储转发"四个字，比如有两台计算机（A 和 B）通过交换机来连接，如果 A 要向 B 传输数据，交换机首先

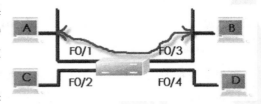

图 7-7　计算机 A 和 B 交换数据示意图

可以将连接到 A 端口发送的信息先储存下来，然后查找交换机内的 MAC 地址列表，每一个 MAC 地址对应一台计算机，找到后会与 B 之间架起一条临时的专用数据通道，并将数据发送到 B 中（如图 7-7 所示）。因为交换机支持"全双工"模式，所以 B 在接收 A 发送数据的同时，还可以向 A 或其他的计算机发送数据。如果在 MAC 地址中没有 B 的地址信息，那么交换机可以通过"MAC 地址学习"功能将连接到自身的 B 计算机 MAC 地址记住，形成一个节点与 MAC 地址的对应表。

2．交换机 MAC 地址学习

每个交换机内部都要有一张 MAC 地址表，用来记录每个端口连接到计算机上的网卡地址（MAC 地址）。在交换机刚刚打开电源时，其地址表是一片空白。那么交换机的地址是怎样建立起来的呢？当打开计算机的电源后，安装在该计算机中的网卡会定期发出空闲包或信号，交换机可据此得知它的存在以及其 MAC 地址。并把这

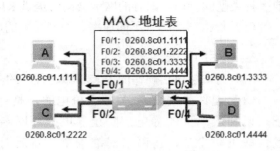

图 7-8　交换机的 MAC 地址学习

个 MAC 地址和它所连接到的端口对应起来，作为一条记录保存到交换机的 MAC 地址表中。由于交换机能够自动根据收到的以太网中的源物理地址更新地址表的内容，所以交换机使用的时间越长，地址表中存储的 MAC 地址就越多，未知的 MAC 地址就越少，因而广播包就越少，速度就越快。如图 7-8 所示。

3．交换机的三种转发方式

目前交换机的数据交换方式，主要是采用存储转发式、直通式和碎片隔离式三种。

（1）存储转发式　是计算机网络领域使用得最为广泛的技术之一。在这种工作方式下，交换机的控制器先缓存输入到端口的数据包，然后进行 CRC 校验，滤掉不正确的帧，确认包正确后，取出目的地址，通过内部的地址表确定相应的输出端口，然后把数据包转发到输出端口。

（2）直通式　在输入端口检测到一个数据包后，只检查其包头，取出目的地址，通过内部的地址表确定相应的输出端口，然后把数据包转发到输出端口，这样就完成了交换。因为它只检查数据包的包头（通常只检查 14 个字节）。

（3）碎片隔离式　是介于直通式和存储转发式之间的一种解决方案，它检查数据包的长度是否够 64 Bytes（512bit）。如果小于 64 Bytes，说明该包是碎片（即在信息发送过程中由于冲突而产生的残缺不全的帧），则丢弃该包，如果大于 64 Bytes，则发送该包。该方式的数据处理速度比存储转发方式快，但比直通式慢。

4．交换机的主要技术指标

（1）交换方式　是指交换机传输数据的方式，比如主流的交换方式就是存储转发（Store and Forward），该方式是交换机在接收到全部数据包后再转发。

（2）包转发率　是指交换机转发数据包的速度，单位一般为 pps（包每秒），一般交换机的包转发率在几十 kpps 到几百 kpps 不等，包转发率越大网速越快。全双工与半双工以及端口不同的传输速率的包转发率都是不同的。

（3）背板带宽　是指交换机接口处理器和数据总线之间所能吞吐的最大数据量，背板带宽越宽越好，它是衡量交换机数据处理能力的关键指标之一。目前，一般 5 口和 8 口桌面交换机的背板带宽在 1Gbit/s ～ 3.2Gbit/s 之间，专业交换机的背板带宽更高，比如一般的千兆交换机背板带宽可以达到 8.8 Gbit/s。

（4）VLAN　全称 Virtual Local Area Network（虚拟局域网），通过交换机的 VLAN 功能可以将局域网设备从逻辑上划分成一个个网段（或者说是更小的局域网），从而实现虚拟工作组的数据交换技术。通过 VLAN 还可以防止局域网产生广播效应，加强网段之间的管理和安全性。

（5）堆叠　是指通过专用的连接电缆将两台或多台交换机相互连接起来，比如要连接两台交换机，可以从一台堆叠交换机的 UP 堆叠端口直接连接到另一台堆叠交换机的 DOWN 堆叠端口，以实现单台交换机端口数的扩充。

5．交换机的分类

目前，市场上可供选择的交换机种类比较多，按端口可以分为 5 口、8 口、16 口以及 24 口等交换机；按端口的传输速率可以分为 10Mbit/s 交换机、100Mbit/s 交换机、10Mbit/s /100Mbit/s 自适应交换机、10Mbit/s /100Mbit/s /1 000Mbit/s 自适应交换机以及 1 000Mbit/s 交换机；按照最广泛的普通分类方法，局域网交换机可以分为工作组交换机、部门级交换机和企业级交换三类。

7.2.3　网桥

网桥工作在数据链路层，是将两个局域网（LAN）连起来，根据 MAC 地址（物理地址）来转发帧，可以看作一个"低层的路由器"（路由器工作在网络层，根据网络地址如 IP 地址进行转发）。它可以有效地连接两个 LAN，使本地通信限制在本网段内，并转发相应的信号至另一网段，网桥通常用于联接数量不多的、同一类型的网段。

1．网桥的工作原理

如图 7-9 所示，网桥的端口 1 与网段 A 相连，端口 2 与网段 B 相连。网桥从端口接收到网段传送的各种帧，每当收到一个帧时，就先放在其缓冲区中。若此帧未出现差错，且欲发往目的站地址则属于另一个网段，通过查找站表，将收到的帧送往对应的端口转发出去，否则就丢弃此帧。仅在同一网段中通信的帧，不会被网桥转发到另一个网段去。

2．网桥的分类

网桥通常有透明网桥和源路由选择网桥两大类。

（1）透明网桥　简单的讲，使用这种网桥，不需要改动硬件和软件，无需设置地址开关，无需装入路由表或参数。只需插入电缆即可，现有 LAN 的运行完全不受网桥的任何影响。

（2）源路由选择网桥　源路由选择的核心思想是假定每个帧的发送者都知道接收者是否在同一局域网（LAN）上。当发送一帧到另外的网段时，源机器将目的地址的高位设置成 1 作为标记。另外，它还在帧头

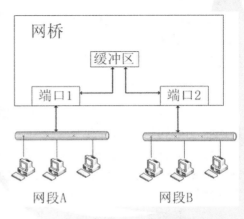

图 7-9　网桥的工作原理

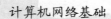

加进此帧应走的实际路径。

另外，根据网桥在网络中所处位置的不同又可分为内桥、外桥和远程桥。

练 习 题

7-2-1　选择题

1）网卡是计算机与（　　）相连的设备。

    A．接口　　　　　　　　B．传输介质　　　　C．计算机　　　　D．以上都不是

2）交换机工作在（　　）。

    A．物理层　　　　　　　B．数据链路层　　　C．网络层　　　　D．高层

3）当你需要把一个 LAN 分成两个子网时，你可选用的网络设备是（　　）。

    A．网桥　　　　　　　　B．网关　　　　　　C．路由器　　　　D．Modem

7-2-2　填空题

1）数据链路层的网络设备主要有网卡、_____和网桥。

2）目前交换机的数据交换方式，主要是采用_____、直通式和碎片隔离式三种。

3）根据网桥在网络中所处位置的不同又可分为内桥、外桥和_____。

7-2-3　简答题

1）简述交换机的 MAC 地址的学习过程。

2）简述交换机的主要技术指标。

7.3　网络层及其上层设备

7.3.1　路由器

要解释路由器的概念，首先要知道什么是路由。所谓"路由"，是指把数据从一个地方传送到另一个地方的行为和动作，而路由器，正是执行这种行为动作的机器，它的英文名称为 Router，是一种连接多个网络或网段的网络设备，它能将不同网络或网段之间的数据信息进行"翻译"，以使它们能够相互"读懂"对方的数据，从而构成一个更大的网络。路由器工作在 OSI 的第三层（网络层）。

1．路由器的功能

（1）路径选择　路由器的主要功能是路径选择。其工作就是要保证把一个进行网络寻址的报文传送到正确的目的网络中。路由器为每种网络层协议建立并维护路由表，路由表可以由人工静态配置；也可利用距离向量或其他路由协议来动态生成。在路由表生成之后，路由器要判断每帧的协议类型，取出网络层的目的地址，并按指定协议路由表中的数据决定数据的转发与否以及向哪里转发。

（2）网络互连　路由器支持各种局域网和广域网接口，主要用于互连局域网和广域网，实现不同网络之间的相互通信。

（3）数据处理　提供包括分组过滤、分组转发、优先级、复用、加密、压缩和防火墙等功能。

（4）网络管理　路由器提供包括配置管理、性能管理、容错管理和流量控制等功能。

2．路由器的工作原理

为了完成"路由"的工作，在路由器中保存着各种传输路径的相关数据，即路由表（Routing Table），供路由选择时使用。路由表中保存着子网的标志信息、网上路由器的个数和下一个路由器的名字等内容。路由表可以是由系统管理员固定设置好的，也可以由系统动态修改，可以由路由器自动调整，也可以由主机控制。在路由器中分别称为：静态路由表和动态路由表。由系统管理员事先设置好固定的路由表称为静态（Static）路由表，一般是在系统安装时就根据网络的配置情况预先设定的，它不会随未来网络结构的改变而改变。动态（Dynamic）路由表是路由器根据网络系统的运行情况而自动调整的路由表。路由器根据路由选择协议（Routing Protocol）提供的功能，自动学习和记忆网络运行情况，在需要时自动计算数据传输的最佳路径。

为了简单地说明路由器的工作原理，我们可假设有这样一个简单的网络。如图7-10所示，A、B、C、D 四个网络通过路由器连接在一起。

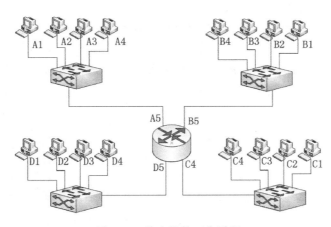

图 7-10　路由器的工作原理

现在来看一下在如图所示网络环境下路由器又是如何发挥其路由、数据转发作用的。假设网络 A 中一个用户 A1 要向 C 网络中的 C3 用户发送一个请求信号，信号传递的步骤如下：

第 1 步：用户 A1 将目的用户 C3 的地址 C3，连同数据信息以数据帧的形式通过集线器或交换机以广播的形式发送给同一网络中的所有节点，当路由器 A5 端口侦听到这个地址后，分析得知所发目的节点不是本网段的，需要路由转发，就把数据帧接收下来。

第 2 步：路由器 A5 端口接收到用户 A1 的数据帧后，先从报头中取出目的用户 C3 的 IP 地址，并根据路由表计算出发往用户 C3 的最佳路径。因为从分析得知到 C3 的网络 ID 号与路由器的 C5 网络 ID 号相同，所以由路由器的 A5 端口直接发向路由器的 C5 端口应是信号传递的最佳途径。

第 3 步：从路由器的 C5 端口再次取出目的用户 C3 的 IP 地址，找出 C3 的 IP 地址中的主机 ID 号，如果在网络中有交换机则可先发给交换机，由交换机根据 MAC 地址表找出具体的网络节点位置；如果没有交换机则根据其 IP 地址中的主机 ID 直接把数据帧发送给用户 C3，这样一个完整的数据通信转发过程也就完成了。

当然在实际的网络中要比图 7-10 中所示的复杂得多，实际的步骤也不会像上述那么简单，但总的过程是这样的。

3．路由器转发数据的过程（见图 7-11）

1）路由器从接口收到数据包，读取数据包里的目的 IP 地址。

2）根据目的 IP 地址信息查找路由表进行匹配。

3）匹配成功后，按照路由表中转发的信息进行转发。

4）匹配失败，将数据包丢弃，并向源发送方反回错误信息报文。

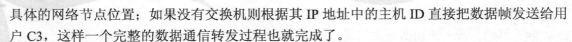

目的网段	转发方式
192.168.1.0	从F1口发出
192.168.2.0	从F2口发出
172.16.1.0	交给B

图 7-11　路由器转发数据的过程

4．路由器的分类

各种级别的互联网络中随处都可见到路由器。

1）接入级路由器。接入网络使得家庭和小型企业可以连接到某个互联网服务提供商。

2）企业级路由器。企业网中的路由器连接一个校园或企业内成千上万的计算机；企业级路由器不但要求端口数目多、价格低廉，而且要求配置起来简单方便，并提供 QoS。

3）骨干级路由器。骨干网要求路由器能对少数链路进行高速路由转发。骨干网上的路由器终端系统通常是不能直接访问的，它们连接长距离骨干网上的 ISP 和企业网络。

7.3.2　网关

1．网关的理解

大家都知道，从一个房间走到另一个房间，必然要经过一扇门。同样，从一个网络向另一个网络发送信息，也必须经过一道"关口"，这道关口就是网关（Gateway）。

那么网关到底是什么呢？网关实质上是一个网络通向其他网络的 IP 地址。比如有网络 A 和网络 B，网络 A 的 IP 地址范围为"192.168.1.1 ～ 192.168.1.254"，子网掩码为 255.255.255.0；网络 B 的 IP 地址范围为"192.168.2.1 ～ 192.168.2.254"，子网掩码为 255.255.255.0。在没有路由器的情况下，两个网络之间是不能进行 TCP/IP 通信的，即使是两个网络连接在同一台交换机（或集线器）上，TCP/IP 协议也会根据子网掩码（255.255.255.0）判定两个网络中的主机处在不同的网络里。而要实现这两个网络之间的通信，则必须通过网关。如果网络 A 中的主机发现数据包的目的主机不在本地网络中，就把数据包转发给它自己的网关，再由网关转发给网络 B 的网关，网络 B 的网关再转发给网络 B 的某个主机。网络 B 向网络 A 转发数据包的过程正好反过来。

所以说，只有设置好网关的 IP 地址，TCP/IP 协议才能实现不同网络之间的相互通信。那么这个 IP 地址是哪台机器的 IP 地址呢？网关的 IP 地址是具有路由功能设备的 IP 地址，具有路由功能的设备有路由器、启用了路由协议的服务器（实质上相当于一台路由器）、代理服务器（也相当于一台路由器）。

2．网关的定义

网关（Gateway）又称网间连接器、协议转换器。网关在传输层上以实现网络互连，是最复杂的网络互连设备，仅用于两个高层协议不同的网络互连。网关的结构也和路由器类似，不同的是互连层。网关既可以用于广域网互连，也可以用于局域网互连。网关是一种充当转换重任的计算机系统或设备。在使用不同的通信协议、数据格式或语言，甚至体系结构完全不同的两种系统之间，网关是一个翻译器。与网桥只是简单地传达信息不同，网关对收到的信息要重新打包，以适应目的系统的需求。同时，网关也可以提供过滤和安全功能。大多数网关运行在OSI 7层协议的顶层，即应用层。

3．网关的工作过程

假定两个主机的高层协议中传输层协议不相同，为了使两个主机能通信，就要在传输层上进行协议转换。如果所用的通信子网不同，则还要对低层协议进行转换。对传输层的协议转换可以包括协议分组的重新装配，长数据的分段、地址格式的转换以及对操作规程的适配等。这些功能都是通过网关实现的，网关在这两个网中分别作为一个网络客户。在实际网络互连中，协议的转换并不一定是一层一层转换的，这就类似于OSI各层的实现，在实现过程中不一定要有明显的分层服务界面，只要对外界提供符合一定规则的协议动作即可。此外，不同的网络协议之间的各个协议层不一定是一一对应的，因此很可能从应用层一直到传输层都需要进行协议转换。

4．网关的分类

网关的类型主要有传输网关和应用网关。

（1）传输网关　传输网关用于在2个网络间建立传输连接。利用传输网关，不同网络上的主机间可以建立起跨越多个网络的、级联的、点对点的传输连接。例如通常使用的路由器就是传输网关，"网关"的作用体现在连接两个不同的网段，或者是两个不同的路由协议之间的连接，如RIP，EIGRP，OSPF，BGP等。

（2）应用网关　应用网关在应用层上进行协议转换。例如，一个主机执行的是ISO电子邮件标准，另一个主机执行的是Internet电子邮件标准，如果这两个主机需要交换电子邮件，那么必须经过一个电子邮件网关进行协议转换，这个电子邮件网关是一个应用网关。常见的应用网关有电子邮件网关、互联网网关、局域网网关和IP电话网关。

1）电子邮件网关。通过这种网关可以从一种类型的邮件系统向另一种类型的邮件系统传输数据。电子邮件网关允许使用不同电子邮件系统的人相互收发邮件。

2）互联网网关。这种网关用于管理局域网和互联网间的通信。互联网网关可以限制某些局域网用户访问互联网，或者限制某些互联网用户访问局域网，防火墙可以看作是一种互联网网关。

3）局域网网关。通过这种网关，运行不同协议或运行于不同层上的局域网网段间可以相互通信。允许远程用户通过拨号方式接入局域网的远程访问服务器也可以看作是局域网网关。

4）IP电话网关。实现公用电话网和IP网的接口，是电话用户使用IP电话的接入设备。

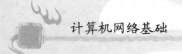

练 习 题

7-3-1　选择题

1）两个以上的（不包括两个）不同类型的网络互连时，则选用（　　）进行网络互连。

    A．中断器　　　　　　　B．网桥　　　　　　　C．路由器　　　　　　　D．集线器

2）下列（　　）设备不是工作在数据链路层。

    A．网桥　　　　　　　　B．集线器　　　　　　C．路由器　　　　　　　D．交换机

3）路由器工作在网络的（　　）。

    A．物理层　　　　　　　B．数据链路层　　　　C．网络层　　　　　　　D．4～7层

4）在计算机网络中，能将异种网络互联起来，实现不同网络协议相互转换的是（　　）。

    A．网桥　　　　　　　　B．网关　　　　　　　C．路由器　　　　　　　D．交换机

5）在计算机网络中选择最佳路由的网络连接设备是（　　）。

    A．网桥　　　　　　　　B．网关　　　　　　　C．路由器　　　　　　　D．交换机

6）当你需要把一个 LAN 连入 Internet 时，你可选用的最便宜的网络设备是（　　）。

    A．网桥　　　　　　　　B．网关　　　　　　　C．路由器　　　　　　　D．Modem

7-3-2　填空题

1）网络层以上的网络设备主要有路由器和_____。

2）路由器中的路由表分为_____和动态路由表。

3）互联网各种级别的网络中随处都可见到路由器，可分为三种类型：①接入级路由器；②企业级路由器；③_____。

4）网关实质上是一个网络通向其他网络的_____。

5）网关的类型主要有：传输网关和应用网关。常见的应用网关有电子邮件网关、互联网网关、_____和 IP 电话网关。

7-3-3　简答题

1）简述路由器转发数据的过程。

2）简述路由器的功能。

3）互联网网关的主要作用是什么？

*7.4　最新网络设备产品介绍

7.4.1　第一款整合型网络设备

    未来网络设备的发展趋势是高度整合型设备。高度整合型设备越来越受到用户的青睐，尤其是企业级用户。在企业的发展中，网络是绝对不可或缺的一个重要环节，而网络设备的投资也同样占据着企业运营成本的很大部分。现在有越来越多的企业意识到，信息化、网络化是企业发展之本，同时也有大量的企业依赖于网络盈利，可见网络在企业中的重要性，而网络设备的优劣绝对是衡量一个企业网络建设的重要指标。

1．传统网络有什么弊端

在传统的网络建设中，路由器、交换机、防火墙、杀毒软件和 VOIP 语音设备等缺一不可。当然这些是企业应用的必然要求，但也会为我们带来一些实际问题，比如：维护成本费用高昂、设备之间的兼容性问题突现、设备之间速率的瓶颈会导致系统性能的下降等。譬如说维护成本，一个企业的网管每天至少要维护这么多种网络设备，并保证它们任何设备都正常工作；再说设备之间的兼容性问题，任何一个企业都很难做到全部设备使用相同品牌，而不同品牌之间的网络设备必然存在着兼容性问题，因为很多关键技术是各自企业的专利，例如 CISCO 交换机中的 ISL 封装、EIGRP 路由协议等，兼容性很难得到保证，性能必将受到影响。可见传统网络建设中存在着一定的弊病。典型的传统网络拓扑如图 7-12 所示。

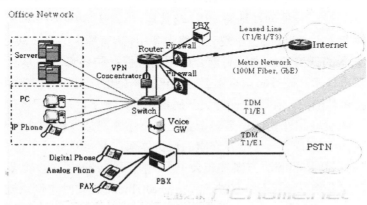

图 7-12　典型的传统网络拓扑

2．什么是整合型网络设备

整合型网络设备就是在不降低整体性能的前提下，将企业最常用的路由功能、高速交换、VPN 虚拟专用网、防火墙、防病毒/垃圾邮件功能等整合在一台设备中；将多种功能整合在一种设备中，必将是网络设备的一个发展方向。这样一来，首先同种设备不会存在兼容性问题，因为各种应用均属于本设备的自身功能；另外单一设备会大大降低其维护成本。经过整合后的网络拓扑如图 7-13 所示。

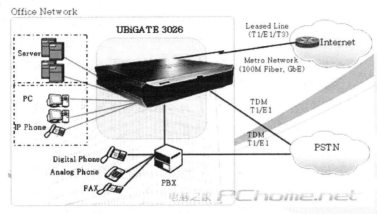

图 7-13　经过整合后的网络拓扑

3. 业界第一台整合型网络设备

韩国三星电子在 2006 年 6 月向全世界发布了它的第一款整合型网络设备：UBiGATE 3026 高速整合网络设备，如图 7-14 所示。

此设备不仅具备了传统的路由、交换功能，同时拥有 VOIP 企业语音电话及防火墙、防病毒、防垃圾邮件等功能，可以说是网络产品中的一次革命。它将数据链路层、网络层、传输层、表示层、会话层的应用整合到一台设备中；UBiGATE 3026 采用了现在最流行的插卡式设计，并独创性地将 CPU 及其他

图 7-14 UBiGATE 3026 高速整合网络设备

处理芯片安置在板卡之上，彻底解决了现有网络设备中，所有插卡共享一块 CPU 的速度瓶颈，从而实现了整合设备的低维护成本、高整合应用的目标；防病毒功能是网络设备的一次突破，它采用硬件防毒技术。硬件防病毒不会等到已经感染用户文件的程度才会被清除，而是在传输的过程中就将其隔离，在随时保持更新病毒库的情况下，从底层就保证了网路系统的安全性；防火墙、防垃圾邮件功能更是一个企业网络中不可或缺的组成部分，在 UBiGATE 3026 中的 ISM 模块中，形成了一个非常完整的保护体系，大大提高了企业的整体安全性。

在 2008 三星商用新品和解决方案发布会上，三星网络展示了可以在多种威胁环境中完美地保护网络的高速多重安全设备和解决方案——eXshield 及实时定位系统解决方案 RTLS。三星网络为全球市场开发的 eXshield 是可以同时提供防火墙、入侵防御、内容过滤等多种安全处理机能的综合安全设备，能在网络入侵发生时保持稳定高效的处理能力。它的特点是拥有每秒 16Gbit/s 的最高处理速度，并且在多媒体环境中的 Session 处理能力是世界最高水平的 18 万 CPS，可以说是同类产品中的高端豪华设备。

4. 整合型网络设备比传统单一功能设备的优势何在

1）投资成本低，维护简单，服务针对性强。整合型网络设备要比传统设备投入更少的资金，原来几台设备能够实现的功能，现在一台就可以完全实现；在技术人员进行维护的时候，针对性非常强，只需对仅有的设备进行维护，大大减轻了维护人员的工作量。

2）每增加一台新的设备，非整合型产品会出现错误的概率将会成几何性增长。在一个非整合型网络中，设备数量繁多，出现问题的几率也会增大。例如在一个企业级网络中，至少要拥有路由器、交换机、防火墙、语音网关这四大基本设备，而每种产品存在着不同品牌之间的兼容性问题。非整合型网络的种种弊端显而易见。

3）网络的复杂性将大大降低。将网络中的各种功能整合在一台设备中，从根本上降低了网络的整体复杂程度，不会再出现成百上千根线缆的情况，从而使网络变得更简单，更加容易管理。

4）整合型的管理方式是企业级网络的新标准。企业级网络每时每刻都承载着用户的珍贵数据通信量，一个功能健全，高度整合的网络势必会为企业带来意想不到的高效率。整合型管理能够让管理人员以统一部署、集中执行的方式进行网络的管理，使管理人员轻松驾驭整个网络。

高度整合型网络设备代表了未来企业级网络的一个主要发展目标，低维护成本、高整合应用才是客户选择网络产品的衡量标准，同时也是设备厂商努力的方向。

5．七层整合应用分析

我们以三星 Ubigate iBG 整合平台为例来进行分析。

物理层中，Ubigate iBG 平台采取模块化插卡式设计，通过大量的插卡和模块来实现企业级网络的各类应用。以语音应用为例，该平台为模拟语音提供 FXS、FXO、E&M 接口，用户还可以通过其他端口如 RJ-45、RJ-11、V.35 等实现 VoIP。

在数据链路层及网络层中，它支持 2 个 T3/E3，6 个 T1/E1 广域网链接，或者以线速率支持最多 14 个 T1/E1 链接，拥有 530KPPS 的路由转发速率和高达 21Gbit/s 的交换吞吐量，这远远超过了同级别的路由交换设备。

同时，该平台还利用传输层、表示层以及会话层来进行对企业客户提供整体的安全防护。其中的 iBG-DM（Integration Business Gateway Device Manager）在应用层，以 GUI 图像界面系统取代了传统的命令行设备配置方式，极大地节省了耗费在设备管理上的时间成本。而且，通过 iBG-DM 强大的图形化监控系统，网络管理人员可以随时掌握整个网络的运行情况。

此外，三星 Ubigate iBG 系列以独立的 ISM（集成安全模块）作用于 2～7 层，提供全方位的安全性。ISM 整合了防火墙、入侵检测、漏洞扫描、安全审计、防病毒、流量监控等一系列安全产品的全部功能，这个安全体系更为合理，因为它是在整合性设备的框架下搭建起来的。这个安全体系除了在网络边界设置防火墙或安全 VPN 外，也加强了针对网络病毒和垃圾邮件等应用层攻击的防护措施，实现了多层次、立体式、全方位的保护网，彻底将攻击隔绝于网络之外，保障了网络的可用性，如图 7-15 所示。

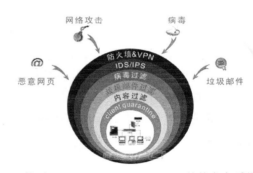

图 7-15　基于 Samsung Ubigate iBG ISM 整体安全系统架构

与传统企业网络设备系统相比，三星 Ubigate iBG 整合平台有着明显、全面的优越性：

1）七层整合应用的安全策略，使 Ubigate iBG 能提供最高级别的安全保障。一系列安全检测和防范都由独立的 ISM（集成安全模块）完成，包括 IDS/IPS 签名检测、病毒检测、通讯异常检测、URL 筛选等。有别于其他安全产品，ISM 的防护功能是基于硬件的。

2）语音更为灵活且成本更低。三星 Ubigate iBG 提供带有 IP 电话 PoE 或 WLAN 接入点的交换模块、模拟语音接口，支持 SIP/H.323 协议，并通过广泛实施 QoS，使企业语音和数据业务真正整合，同时支持模拟、数字和 IP 电话。

3）在价格上，与一整套网络设备相比，Ubigate iBG 更为低廉。更重要的是，由于 Ubigate iBG 采用集约型模块化设计，用户可以通过更换个别功能模块，轻松简便地给平台升级。

4）设备管理得到了简化。通常，配置像 VoIP 和网络安全这样的服务都比较复杂，只有高级的网络管理员才能够找出优化网络运营的最佳方案。而在三星 Ubigate iBG 平台中，所有设备的管理均可通过"基于 Web 的设备管理器"完成。既可以用图形化的 GUI 用户界面来管理，也可以利用设备管理器提供的各种"向导"来管理。特别指出的是，所有功能模块均出自同一生产商，不存在技术和标准上的沟壑，这样才能真正实现一体化的设备配置和管理。

企业级网络设备一体化和网络融合化虽是技术的大势所趋，但直到三星 Ubigate iBG 的出现，业界才有了第一台真正意义上的企业级整合型网络设备。业内人士认为，Ubigate iBG 系列将在架构上为未来的网络产品提供一个标准，而它的性能和价格也会成为衡量此类产品的标杆。同时，Ubigate iBG 代表了网络设备"低维护成本、高整合应用"的发展方向。

7.4.2 卓尔 InfoGate 整合型安全网关介绍

1. 卓尔 InfoGate 产品简介

卓尔伟业公司推出的全新集成式模块化内容过滤安全网关产品——卓尔 InfoGate，它既有硬件产品的高可靠性和高效率，又有软件产品的高度灵活性和可扩充性，效果、效率、价格、功能等本来相互矛盾的制约因素在卓尔 InfoGate 产品上得到了高度的统一，其独创的安全协同技术和自主研发能力使得卓尔 InfoGate 完全不同于一般概念上的安全产品，它不仅仅是防火墙、病毒过滤、垃圾邮件过滤、网页内容地址过滤、泄密防范、VPN 等产品和技术的简单相加，还因采用了独创的安全协同技术进行了高度有机整合，各种功能模块共享软硬件资源，可在有效降低成本的同时，实现功能上的强强联手，能够在企业 Internet 入口处全面阻止病毒、垃圾邮件的入侵，全面监管 Web 访问和邮件通信，使各种安全威胁在进入内部网络之前就被全方位地得到及时有效的扑杀，从而快速、实时、高效、透明地实现了对内部网络的综合防护。如图 7-16 所示。

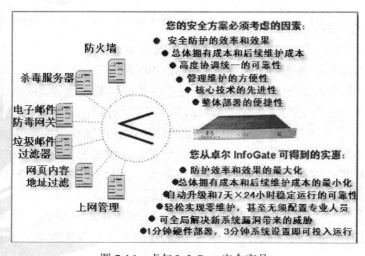

图 7-16 卓尔 InfoGate 安全产品

2．采用"协同安全保护"技术的四重防御架构

安全威胁的多样性对防护技术提出了多层面、全方位防御的要求，单一的产品性能再强劲，只要网络中有任何一个薄弱环节，则根据"$\infty \times 0 \equiv 0$"的道理，网络的安全防线就会立即陷于彻底崩溃之中。卓尔 InfoGate 的"协同安全保护"技术的四重防御架构，就是为了完全顺应当前网络安全防护的实际需要而开发的一款具有一定技术前瞻性的产品。目前卓尔 InfoGate 的内容过滤产品包括四大模块：防病毒模块、防垃圾邮件模块、上网管理模块和网络防护模块，每个模块既可独立成单个系统产品，又可在我们的协同安全防护技术支持下互相嵌入，任意组合成相应需求的"All-in-One"产品。如图 7-17 所示。

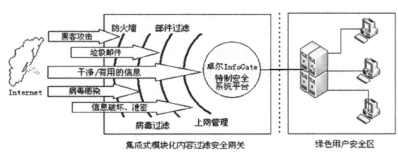

图 7-17　四重防御架构

7.4.3　高端交换机新境界"集成服务"

随着企业信息化建设的深入，基于网络的各种应用越来越丰富。为了发挥网络的先进功能和支持新型的 Web 应用，如何优化现有网络，避免由于出现各种问题而导致操作成本增长是企业亟待解决的问题。思科认为，在充分利用企业现有网络资源的前提下，简化网络结构，开发多种网络应用，进一步提高生产率，降低成本，提高企业竞争力是当今 IT 市场最根本的需求。

高端交换机必须走集成服务的道路，才能赢得客户、赢得市场。时下市场上一般的交换机大多数不具备"集成服务"，只是专注于数据转发基本功能的实现，不能满足丰富的网络应用需求。面对企业为满足业务发展的需求，如何改进现有网络的性能和运行效果，智能化升级的技术是企业构建网络、优化网络时的首选。

"集成服务"将成为高端交换机的必需。关于集成服务，客户的网络需求是一个有机整体，交换机作为网络的核心，不仅要考虑到数据的转发，还要考虑到客户对于网络其他的应用需求，比如网络安全、内容服务、网络流量管理等。交换机要尽可能考虑把客户需要的实际应用集成到一起，实现便捷的管理，而不是让客户根据需要单独购买设备，再与交换机整合到一起。交换机在易用性、可扩展性、安全性等方面必须全面考虑，这就要求交换机制造商能把这些服务有机地整合成一个低成本高性能、简单易行的整体方案。

在易用性方面，以往高端交换机在易用性方面功能较弱，随着网络规模和速度的快速增长，人们已经意识到，网络在运行和管理方面所付出的代价，大大超过了网络设备本身的成本。同时，为了使交换机能够达到最优配置和最佳性能，网络管理人员也要针对应用中的具体需求对交换机进行相应配置，并且要求交换机管理、配置简单方便，界面友好、利于扩展。

在可扩展方面，由于周围环境、业务的变化，会不断产生新的需求。网络的应用是一个不断推陈出新的发展过程，不存在一步到位的说法。过去客户在网络应用方面比较简单，而今，客户需要网络的多种应用同时的进行，许多可知不可知的情况会不时的出现，往往会影响到客户的工作。从原来只能进行数据传输和收发电子邮件，发展到现在网络可以进行传输视频、话音等，让多种应用平稳快速运行，就需要在网络基础架构上加入必要的服务模块来保证。客户在网络方面的投资是一个持续的过程。网络的投资是高成本的投资，客观上要求交换机在可扩展方面，不仅能满足眼下的需求，而且还要满足今后很长一段时间的需求。因此，交换机的可扩展性就显得格外重要。

在安全性方面，安全已经成为网络界的头等重要的问题。随着网络规模的迅速扩展和网络中应用的不断增多，必须从网络基础设施开始防范，从网络内部加强对访问者的控制，限制非法用户的通信，从而保证整个网络的安全。例如校园网中对设备的安全管理、驻地网对安全接入的要求、企业网络中各个业务之间的隔离等。

易用性、可扩展性、安全性体现了交换机集成服务的发展趋势。当然，集成服务是必须建立在对客户业务分析和环境需求了解的基础之上。

*7.5 最新计算机网络技术介绍

7.5.1 路由器集群技术

1. 核心路由器的四大发展趋势

高性能核心路由器代表着互联网的发展方向，也最能体现出设备厂商的技术水平。回顾核心路由器的发展历程，分析目前主流路由产品的功能特征，可以看出目前核心路由器的技术发展趋势主要有以下几个方面：

（1）容量越来越高，端口类型增多 主要表现为槽位数的提高和线卡高密度化。首先从端口的容量看，提升的非常大，从 2.5G 提升到现在的 40G。另外，接口类型也逐步增多，比如 10GE、PRR 和 CWDM 等类型的端口都有各自的市场。

（2）安全可靠性大幅提高 在网络发展初期，网络攻击没有现在这么频繁，路由器设备的安全问题主要体现在其自身的安全可靠性上，比如重要部件的冗余，以及网络设备的电气特性等。随着网络的不断发展和多业务需求的增加，网络安全保障对路由器的安全可靠性提出了更高的要求，包括对网络攻击的防范甚至感知。

（3）系统架构逐步完善   从 CPU 的数量看，CPU 从一个发展到两个、又发展到对称式多 CPU。从总线的结构看，从第一代单总线发展到第四代多总线，一直到目前的第五代共享内存式和第六代交叉开关体系。而在交换结构方面，高端路由器主要采用共享内存结构，T 比特大容量路由器多数采用多级交换结构，这样可以实现未来扩展到大容量无阻塞交换。

（4）提升服务质量 QoS 运营级的 IP 网络必须能够承载多种业务，因为不同的客户会需要不同的业务，同时也必须保证端到端的 QoS，因为没有好的 QoS 必然会丧失客户的信

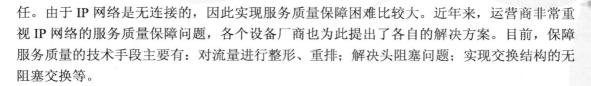

任。由于 IP 网络是无连接的，因此实现服务质量保障困难比较大。近年来，运营商非常重视 IP 网络的服务质量保障问题，各个设备厂商也为此提出了各自的解决方案。目前，保障服务质量的技术手段主要有：对流量进行整形、重排；解决头阻塞问题；实现交换结构的无阻塞交换等。

2．核心路由催生集群技术

一直以来，核心路由都是网络中最关键的技术。对于核心层路由器来说，除了必须具备快速转发能力、高安全稳定性之外，更重要的是容量大、扩展性强，而核心路由器的单机容量逐步发展到了极限。但近年来，由于网络流量增长得更快，因此这样的提升速度已远不能满足网络扩容的需求。再者，超级节点的产生使得网络结构越趋复杂，给运维管理带来了更大的难度。在这种情况下，路由器集群技术便应运而生。路由器集群，又叫路由器矩阵或多机框互联（Multi-Chassis），简单来说，就是将多台路由器互联起来，形成一套逻辑上一体的路由器系统。

（1）单机容量到达极限，路由器集群技术突破容量瓶颈　对于单台路由器来说，其扩展是有一定限制的，因为要考虑光器件的发展成熟度，以及电源、散热、机房承重等因素。随着单台路由器的开发技术逐步发展到极限，路由器的发展正在寻求新的出路。集群就是一种有效解决扩展性问题的技术，它可在方便维护、不增加网络复杂度的前提下，用更加廉价的手段来满足业务高速增长、网络性能及容量提升的需求，以降低网络的建设成本和维护成本。目前，路由器集群技术已经受到业内人士的广泛关注。

集群技术在路由器领域的引入，目的是将两台或两台以上普通核心路由器通过某种方式连接，使得这些核心路由器能够进行设备间协同工作和并行处理，实现系统容量的平滑扩展，并且对外只表现为一台逻辑路由器。

集群技术通过集中化、一体化的控制管理，使集群系统各台路由器单机之间能够很好地协同工作，极大地扩展了路由器的容量，从而突破了单机在开发技术工艺上的限制。

（2）网络结构越趋复杂，路由器集群模式多样化化烦为简　由于单台路由器的容量扩展性有限，因此，近年来不断提出了其他方案来缓解设备压力。不管是采用网络层次分布式还是在节点内部署多台设备，通过负载分担的方式减轻设备压力，这些都导致了网络结构越来越复杂。因为两者都是在单台路由器不能继续扩展的情况下，通过改变网络结构来适应流量的增长。而网络结构的日趋复杂，也增加了运维部门的管理难度，同时也产生了多台路由器之间如何均衡流量的问题。目前，互联网网络流量的飞速增长，新兴应用的不断呈现，都在呼唤着集群路由器的出现。集群中的所有路由器成员只有一个统一的管理和路由控制引擎，从逻辑上说，整个集群其实是一台路由器，这使网络拓扑和路由结构变得简洁清晰，维护起来更加简单方便。

3．集群技术的优势

集群技术通过集中化、一体化的控制管理，使集群系统各台路由器单机之间能够很好地协同工作。这样既扩展了路由器的容量，也突破了单机在开发技术工艺上的限制。在成本方面，也大大减少了投资。更为重要的是，由于集群路由器对外仅体现为一台路由器，使得网络拓扑和路由策略变得简单和清晰，维护也更加方便快捷。

目前，支持路由器集群的主流厂家有 Cisco 和 Juniper。

Cisco 是通过 CRS-1 单机互联实现，目前可以支持 CRS 集群（4+2），即 4 个交换矩阵加 2 个用户机框，理论上可以扩展到 CRS 集群（8+72），容量高达 92Tbit/s。CRS 集群采用 Benes 交换结构。

Juniper 的 TXMatrix 平台是通过 T640 单机互联实现的，目前可以支持 Tx（1+4），即 1 个交换矩阵加 4 个用户机框，采用 Clos 交换结构。Juniper 的 Tx 路由器集群系统已经在全球多个运营商网络中使用，包括德国电信、英国 BT 等。

路由器集群技术是目前解决路由器容量瓶颈的最有效方式，是路由器发展史上一个极大的飞跃和改变，它打破了传统的路由器扩展模式，同时保留了网络结构的清晰度，便于运营管理。虽然目前路由器集群技术还没有大规模商用，各方面的稳定可靠性也有待经历市场严峻的考验，但它必将会是核心路由器未来的发展方向。

7.5.2 网络新命脉 IPv6 技术

IPv6 是互联网工程任务组（IETF，Internet Engineering Task Force）设计的用于替代现行版本（IPv4）的下一代 IP 协议。

目前 IP 协议的版本号是 4（简称为 IPv4），它的下一个版本就是 IPv6。IPv6 正处在不断发展和完善的过程中，它在不久的将来将取代目前被广泛使用的 IPv4。

为什么要过渡到 IPv6 呢？因为现在 IPv4 面临着一系列问题，其中最大的问题是 IP 地址即将耗尽，有预测表明，以目前 Internet 发展速度计算，所有 IPv4 地址将在 2005～2010 年间分配完毕。为了彻底解决 IPv4 存在的问题，IETF 从 1995 年开始，着手研究开发下一代 IP 协议，即 IPv6。IPv6 具有长达 128 位的地址空间，可以彻底解决 IPv4 地址不足的问题，除此之外，IPv6 还采用分级地址模式、高效 IP 包头、服务质量、主机地址自动配置、认证和加密等许多技术。

1. IPv4 尴尬的现状

首先看一下 IP 地址的"旱涝不均"问题。在 IPv4 协议中，将 IP 协议的地址长度设定为 32 个二进制数位，再将 32 位 IP 地址分成了五类：A 类，用于大型企业；B 类，用于中型企业；C 类，用于小型企业；D 类和 E 类不分配给用户，所以可分配的 IP 地址实际上只有三类。A 类、B 类、C 类地址可以标识的网络个数分别是 128、16 384、2 097 152，每个网络可容纳的主机个数分别是 16 777 216、65 536、256。虽然对 IP 地址进行分类大大增加了网络个数，但新的问题又出现了。由于一个 C 类网络仅能容纳 256 个主机，而个人计算机的普及使得许多企业网络中的主机个数都超出了 256，因此，尽管这些企业的上网主机可能远远没有达到 B 类地址的最大主机容量 65 536，但 InterNIC 不得不为它们分配 B 类地址。这种情况的大量存在，一方面造成了 IP 地址资源的极大浪费，另一方面也加快了 B 类地址的消耗速度。我们可以形象地称这种现象为"旱涝不均"。

再看一个"杯水车薪"解决技术，即非传统网络区域路由（Classless InterDomain Routing，CIDR），它是节省 B 类地址的一个紧急措施。CIDR 的原理是为那些拥有数千个网络主机的企业分配一个由一系列连续的 C 类地址组成的地址块，而非一个 B 类地址。例如，假设某个企业网络有 1 500 个主机，那么可能为该企业分配 8 个连续的 C 类地址，这样可以保护 B 类地址免遭无谓的消耗，但是当 C 类地址分配完的时候，B 类地址依然无法满足人们日益增长的需要，不能从根本上解决 IPv4 面临的地址耗尽问题。

另一个延缓 IPv4 地址耗尽的方法是网络地址翻译（Network Address Translation，NAT），它是一种将无法在 Internet 上使用的保留 IP 地址翻译成可以在 Internet 上使用的合法 IP 地址的机制，即将多个内网地址映射到一个外网地址。现在各大公司的产品都支持 NAT 技术。NAT 使一个企业只为内部网络主机分配保留 IP 地址，然后在内部网络与 Internet 交接点设置 NAT 和一个由少量合法 IP 地址组成的 IP 地址池，就可以解决大量内部主机访问 Internet 的需求了。然而，NAT 也带来了如下的新问题：首先，NAT 会使网络吞吐量降低，由此影响网络的性能，甚至会使网络性能坏到让人无法忍受的地步。其次，NAT 必须对所有去往和来自 Internet 的 IP 数据报进行地址转换，但是大多数 NAT 无法将转换后的地址信息传递给 IP 数据报负载，这将导致某些必须将地址信息嵌在 IP 数据报负载中的高层应用的失败。

2．IPv6 的对策

IPv6 采用了长度为 128 位的 IP 地址，彻底解决了 IPv4 地址不足的难题。128 位的地址空间，我们可以理解成是一个无限的地址空间。

IPv6 的地址格式与 IPv4 不同。一个 IPv6 的 IP 地址由 8 个地址节组成，每节包含 16 个地址位，以 4 个十六进制数书写，之间用冒号分隔，除此之外，IPv6 还为点对点通信设计了一种具有分级结构的地址，这种地址被称为可聚合全局单点广播地址（aggregatable global unicast address），其分级结构划分如图 7-18 所示。

```
| 3| 13 |8 |   24   |   16   |           64 bits            |
+--+----+--+--------+--------+-----------------------------+
|FP| TLA|RES| NLA   | SLA    |        Interface ID         |
|  | ID |  | ID     | ID     |                             |
+--+----+--+--------+--------+-----------------------------+
```

图 7-18　可聚合全局单点广播地址结构示意图

开头 3 个地址位用来表示不同的地址类型。其后的 13 位 TLA ID 用于标识分级结构中自顶向底排列的 TLA（Top Level Aggregator，顶级聚合体）；32 位 NLA ID 用于标识分级结构中 NLA（Next Level Aggregator，下级聚合体）；16 位 SLA ID 和 64 位主机接口 ID 用于标识分级结构中 SLA（Site Level Aggregator，位置级聚合体）和主机接口。TLA 是与长途服务供应商和电话公司相互连接的公共网络接入点，它从国际 Internet 注册机构如 IANA 处获得地址。NLA 通常是大型 Internet 服务商（ISP），它从 TLA 处申请获得地址，并为 SLA 分配地址。SLA 也可称为订户（subscriber），它可以是一个机构或一个小型 ISP。SLA 负责为属于它的订户分配地址。SLA 通常为其订户分配由连续地址组成的地址块，以便这些机构可以建立自己的地址分级结构以识别不同的子网。网络主机位于分级结构的最底级。

3．IPv6 中的地址配置

第一种方法是手动配置。其命令格式如下：

IPv6 address xxxx:xxxx:xxxx:xxxx:xxxx:xxxx:xxxx:xxxx/nn

第二种方法被称为无状态自动配置（stateless autoconfiguration）的自动配置服务。过程如下：（假设路由器 1 已经在与主机 1 互联的接口上配置好了一个 global unicast address&n bsp）；

1）主机 1 通过路由器 1 的 RA 发现这条链路上的 prefix。

2）主机 1 生成一个 interface id，并添加在 prefix 的后面。

3）主机 1 通过 DAD 判断这个地址是否唯一，如果唯一则使用此地址。

第三种方法称为全状态自动配置（stateful autoconfiguration）。类似于在 IPv4 中，动态主机配置协议（Dynamic Host Configuration Protocol，DHCP）实现了主机 IP 地址及其相关配置的自动设置。使用无状态自动配置，无需手动干预就能够改变网络中所有主机的 IP 地址。例如，当企业更换了联入 Internet 的 ISP 时，将从新 ISP 处得到一个新的可聚合全局地址前缀。ISP 把这个地址前缀从它的路由器上传送到企业路由器上。由于企业路由器将周期性地向本地链接中的所有主机多点广播路由器公告，因此企业网络中所有主机都将通过路由器公告收到新的地址前缀，此后，它们就会自动产生新的 IP 地址并覆盖旧的 IP 地址。

第四种方法是地址委派 dhcp-pd（dhcp prefix delegation）。在 pe-ce 的简单环境下，只需要在 pe 配置好 IPv6 的地址和 IPv6 dhcp 池，那么 ce 就可以直接通过 dhcp 获得接口地址，并且在其下联接口上仍然可以获得 dhcp 池中的地址。这样做也是为了方便用户更换 SP（SP 指移动互联网服务内容应用服务的直接提供者，负责根据用户的要求开发和提供适合手机用户使用的服务）。

4．IPv6 中的安全协议

IPv6 提供一个安全机制和一系列安全服务支持，如数据认证、完整性验证、IP 控制层加密。IPSec 是 IPv6 的一个组成部分，也是 IPv4 的一个可选扩展协议。IPSec 提供了两种安全机制：认证和加密。IP SEC 的一个最基本的优点是它可以在共享网络访问设备，甚至可以在所有的主机和服务器上完全实现，这在很大程度避免了升级任何网络相关资源的需要。

首先来看一下 IPSec 的认证。认证机制使 IP 通信的数据接收方能够确认数据发送方的真实身份以及数据在传输过程中是否遭到改动。IPSec 的认证包头（Authentication Header，AH）协议定义了认证的应用方法。再来看一下 IPSec 的加密。加密机制通过对数据进行编码来保证数据的机密性，以防数据在传输过程中被他人截获而失密。封装安全负载（Encapsulating Security Payload，ESP）协议定义了加密和可选认证的应用方法。

与 IPv4 相比，IPv6 具有许多优势。IPv6 除解决了 IP 地址数量短缺的问题外，它对 IPv4 协议中诸多不完善之处也进行了较大的改进。其中最为显著的就是将 IP Sec 集成到协议内部，从此 IP Sec 作为 IPv6 协议固有的一部分贯穿于 IPv6 的各个领域。IPSec 提供 4 种不同的形式来保护通过公有或私有 IP 网络来传送的私有数据：

（1）安全关联　IP Sec 中的一个基本概念是安全关联（Security Association，SA），它包含验证或者加密的密钥和算法。在一个特定的 IP 通信中使用 AH 或 ESP 时，协议将与一组安全信息和服务发生关联，称为安全关联。SA 可以包含认证算法、加密算法、用于认证和加密的密钥。SA 是一个单向的逻辑连接，也就是说，两个主机之间的认证通信将使用两个 SA，分别用于通信的发送方和接收方。

（2）报头验证　报头验证（Authentication Header，AH）是在所有数据包头加入一个密码。它通过一个只有密匙持有人才知道的"数字签名"来对用户进行认证。IPv6 的验证主要由验证报头（AH）来完成。验证报头是 IPv6 的一个安全扩展报头，它为 IP 数据包提供完整性和数据来源验证，防止反重放攻击，避免 IP 欺骗攻击。

（3）封装安全有效载荷数据　安全加载封装（Encapsulating Security Payload，ESP）通过对数据包的全部数据和加载内容进行全加密来严格保证传输信息的机密性，由于只有受信任的用户拥有密匙打开内容，这样可以避免其他用户通过监听来打开信息交换的内容。ESP 也能提供认证和维持数据的完整性。ESP 用来为封装的有效载荷提供机密性、数据完整性验证。AH 和 ESP 两种报文头可以根据应用的需要单独使用，也可以结合使用，结合使用时，ESP 应该在 AH 的保护下。

（4）钥匙管理　密匙管理（Key Management）包括密匙确定和密匙分发两个方面，最多需要 4 个密匙：AH 和 ESP 各两个发送和接收密匙。密匙通常用十六进制表示，实际上它是一个二进制字符串。例如，一个 56 位的密匙可以表示为 5F39DA752E0C25B4。注意全部长度总共是 64 位，密匙管理包括手工和自动两种方式。

做为 IPv6 的一个组成部分，IPSec 是一个网络层协议。它只负责其下层的网络安全，并不负责其上层应用的安全，例如万维网、电子邮件和文件传输等的安全它无法保证。这方面的安全问题，依然需要使用 SSL 协议。不过，IPSec 协议减轻了 TCP/IPv6 协议簇中的很多协议的负担，例如，用于 IPv6 的 OSPF 路由协议就去掉了用于 IPv4 的 OSPF 中的认证机制。

5．IPv4 向 IPv6 的过渡

尽管 IPv6 比 IPv4 具有明显的先进性，但是由于各种原因，IPv6 与 IPv4 系统在 Internet 中长期共存是不可避免的现实。为此，作为 IPv6 研究工作的一个部分，IETF 制定了推动 IPv4 向 IPv6 过渡的方案，其中包括 3 个机制：双 IP 协议栈、基于 IPv4 隧道的 IPv6 和 NAT-PT。

双 IP 协议栈是在一个系统（如一个主机或一个路由器）中同时使用 IPv4 和 IPv6 两个协议栈。这类系统既拥有 IPv4 地址，也拥有 IPv6 地址，因而可以收发 IPv4 和 IPv6 两种 IP 数据报。支持双协议栈的 IPv6 节点与 IPv6 节点互通时使用 IPv6 协议栈，与 IPv4 节点互通时借助于 4over6 使用 IPv4 协议栈。IPv6 节点和 IPv4 节点通信时，先向双栈服务器申请一个临时对方格式的地址，同时从双栈服务器得到网关路由器形成的一个对方格式的 IP 包。网关路由器要记住 IPv6 源地址与 IPv4 临时地址的对应关系，以便反方向将 IPv4 节点发来的 IP 包转发到 IPv6 节点。

隧道技术提供了一种以现有 IPv4 路由体系来传递 IPv6 数据的方法：与双 IP 协议栈相比，基于 IPv4 隧道的 IPv6 是一种更为复杂的技术，它是将整个 IPv6 数据报封装在 IPv4 数据报中，由此实现在当前的 IPv4 网络（如 Internet）中 IPv6 节点与 IPv4 节点之间的 IP 通信。隧道技术巧妙地利用了现有的 IPv4 网络，它的意义在于提供了一种使 IPv6 的节点间能够在过渡期间通信的方法，但它不能解决 IPv6 节点与 IPv4 节点间互通的问题。基于 IPv4 隧道的 IPv6 实现过程分为 3 个步骤：封装、解封和隧道管理。IPv4 隧道有 4 种方案：路由器对路由器、主机对路由器、主机对主机、路由器对主机。

双 IP 协议栈和基于 IPv4 的 IPv6 网络使 IPv4 网络能够以可控的速度向 IPv6 迁移。在开始向 IPv6 过渡之前，首先必须设置一个同时支持 IPv4 和 IPv6 的新的 DNS 服务器。在该 DNS 服务器中，IPv6 主机名称与地址的映射可以使用新的 AAAA 资源记录类型来建立，IPv4 主机名称与地址的映射仍然使用 A 资源记录类型来建立。

NAT-PT 是一种纯 IPv6 节点和 IPv4 节点间的互通方式，所有包括地址、协议在内的转换工作都由网络设备来完成。支持 NAT-PT 的网关路由器应具有 IPv4 地址池，在从 IPv6

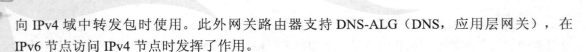

向 IPv4 域中转发包时使用。此外网关路由器支持 DNS-ALG（DNS，应用层网关），在 IPv6 节点访问 IPv4 节点时发挥了作用。

6．结论

IPv6 是一个建立可靠的、可管理的、安全的和高效的 IP 网络的长期解决方案。尽管 IPv6 的实际应用之日还需耐心等待，不过，了解和研究 IPv6 的重要特性以及它针对目前 IP 网络存在的问题而提供的解决方案，对于制定企业网络的长期发展计划，规划网络应用的未来发展方向，都是十分有益的。

7.5.3 第三代互联网技术——网格

1．网格简介

网络的出现，改变了人们使用计算机的方式，而 Internet 的出现，又改变了人们使用网络的方式。纵观互联网的发展历程，Internet 技术和 Web 技术的主要成就是实现了计算机和网页的连通，提供收发电子邮件、浏览和下载网页信息等相关服务，它所关注的问题是如何使信息传输流量更大、传输速度更快、传输更加安全。而网格技术则关注如何有效安全地管理和共享连接到 Internet 上的各种资源，并提供相应的服务，网格所关注的问题无论从范围、程度还是本质上都已经与互联网所关心的互连问题有了很大的不同。网格在连通计算机和网页的基础上，还将各种信息资源，例如数据库、软件以及各种信息获取设备都连接成一个整体，整个网络如同一台巨大无比的计算机，向每个用户提供包括计算能力、数据存储能力以及各种应用工具等一体化的透明服务。它强调的是全面地共享资源、全面地应用服务。目前的技术还没有实现资源层面的全面共享，只是信息的传输，所以属于网络技术，而非网格技术。互联网新一次浪潮的实质，就是要将万维网（World Wide Web）升华为网格（Great Global Grid），即实现 WWW 到 GGG 的变革。

网格技术主要体现在计算上，有三大核心技术：① 网格是一个超级计算机，最大力度地实现了资源共享，因此根据用户的需求，最合理地分配资源，充分调度资源成为网格的一大核心技术；② 由于使用网络的用户数量及资源的数量非常多，所以必须使用一种特别的技术才能管理好这些共享资源，这是网格的又一大核心技术；③ 在网络使用中实现调度资源的网络安全是它的第三大核心技术。

网格是借鉴电力网的概念提出的，网格的最终目的是希望用户在使用网格计算能力解决问题时像使用电力一样方便，用户不用去考虑得到的服务来自于哪个地理位置，由什么样的计算设施提供。也就是说，网格给最终的使用者提供的是一种通用的计算能力。

2．网格核心技术

网格的关键技术，主要有如下几种：

（1）高性能调度技术　在网格系统中，大量的应用共享网格的各种资源，如何使得这些应用获得最大的性能，这就是调度所要解决的问题。网格调度技术比传统高性能计算中的调度技术更复杂，这主要是因为网格具有一些独有的特征，例如，网格资源的动态变化性、资源的类型异构性和多样性、调度器的局部管理性等。所以网格的调度需要建立随时间变化的性能预测模型，充分利用网格的动态信息来表示网格性能的波动。在网格调度中，还需要考虑移植性、扩展性、效率、可重复性以及网格调度和本地调度的结合等一系列问题。

（2）资源管理技术　资源管理的关键问题是为用户有效地分配资源。高效分配涉及到资源分配和调度两个问题，一般通过一个包含系统模型的调度模型来体现，而系统模型则是潜在资源的一个抽象，系统模型为分配器及时地提供所有节点上可见的资源信息，分配器获得信息后将资源合理地分配给任务，从而优化系统性能。

（3）网格安全技术　网格计算环境对安全的要求比 Internet 的安全要求更为复杂。网格计算环境中的用户数量、资源数量都很大且动态可变，一个计算过程中的多个进程间存在不同的通信机制，资源支持不同的认证和授权机制且可以属于多个组织。正是由于这些网格独有的特征，使得它的安全要求性更高，具体包括支持在网格计算环境中主体之间的安全通信，防止主体假冒和数据泄密；支持跨虚拟组织的安全；支持网格计算环境中用户的单点登录，包括跨多个资源和地点的信任委托和信任转移等。

网格技术是继 Internet 技术和 Web 技术之后的第三代互联网技术，它能够最大限度地实现网络资源的共享和调度，给计算机用户带来最好的上网服务。

本 章 小 结

本章主要介绍了各种网络设备的功能、工作原理和使用方法。网络设备按照其主要用途可以分为三大类：① 接入设备；② 网络互联设备；③ 网络服务设备。另外，根据这些设备工作的不同层次，又可分为物理层设备、数据链路层设备和网络层设备等。

物理层上的网络设备主要有中继器、调制解调器和集线器。中继器（Repeater，RP）是工作于 OSI 的物理层，连接网络线路的一种装置。中继器常用于两个网络节点之间物理信号的双向转发工作，连接两个（或多个）网段，对信号起中继放大作用，补偿信号衰减，支持远距离的通信。调制解调器是在发送端通过调制将数字信号转换为模拟信号，而在接收端通过解调再将模拟信号转换为数字信号的一种装置。调制解调器有内置式和外置式，另外较新的还有 USB 接口的 Modem，以及专门用于笔记本电脑的 PCMCIA 接口的调制解调器。集线器（HUB）属于数据通信系统中的基础设备，它和双绞线等传输介质一样，是一种不需任何软件支持或只需很少管理软件管理的硬件设备。

数据链路层的网络设备主要有网卡、交换机和网桥。网卡是工作在数据链路层的网路组件，是局域网中连接计算机和传输介质的接口，不仅能实现与局域网传输介质之间的物理连接和电信号匹配，还涉及帧的发送与接收、帧的封装与拆封、介质访问控制、数据的编码与解码以及数据缓存的功能等。交换机英文名称为 Switch，也称为交换式集线器，它是一种基于 MAC 地址（网卡的硬件标志）识别，能够在通信系统中完成信息交换功能的设备。网桥工作在数据链路层，将两个局域网（LAN）连起来，根据 MAC 地址（物理地址）来转发帧，可以看作一个"低层的路由器"（路由器工作在网络层，根据网络地址如 IP 地址进行转发）。

网络层以上的网络设备主要有路由器和网关。路由器的主要功能有：① 路径选择；② 网络互连；③ 数据处理；④ 网络管理。网关实质上是一个网络通向其他网络的 IP 地址。网关的类型主要有：传输网关和应用网关。

网络新设备和新产品层出不穷。

第8章

计算机网络管理基础和网络安全性

 职业能力目标

1）了解网络管理的功能域，为进行网络管理打好基础。

2）了解网络安全的三类问题，为规划好安全的网络提供理论支持。

3）了解 Internet 的安全问题，能解决上网过程中的现实问题。

随着网络技术与应用的不断发展，计算机网络在我们的日常生活中已经变得越来越普遍。特别是 20 世纪 90 年代以来，随着 Internet 在世界范围的普及，计算机网络逐渐成为人们获取信息、发布信息的重要途径，与此同时，基于计算机网络的应用也越来越多，许多人们生活中的重要环节都可以利用网络方便、快捷地实现。而网络运行的稳定性、可靠性就显得至关重要，于是网络管理就应运而生。

网络管理是计算机网络发展的必然产物，它随着计算机网络的发展而发展。早期的计算机网络主要是局域网，因此最早的网络管理是局域网管理。而 Internet 的出现打破了网络的地域限制，跨地域的广域网络得到了飞速发展，这时的网络管理不再局限于保证文件的传输，而是保障连接网络的网络对象（路由器、交换机、线路等）的正常运转，同时监测网络的运行性能，优化网络的拓扑结构。网络管理系统也因此越来越独立，越来越复杂，功能也越来越完备，网络管理也发展成为计算机网络中的一个重要分支，国际上各种网络管理的标准也相继制定，网络管理逐步变得规范化、制度化。

8.1 网络的管理功能

在实际网络管理过程中，网络管理应具有的功能非常广泛，包括了很多方面。在 OSI 网络管理标准中定义了网络管理的五大功能：配置管理、性能管理、故障管理、安全管理和计费管理，这五大功能是网络管理最基本的功能。事实上，网络管理还应该包括其他一些功能，比如网络规划、网络操作人员的管理等。不过除了基本的网络管理五大功能外，其他网络管理功能的实现都与具体的网络实际条件有关，因此我们只需要关注 OSI 网络管理标准中的五大功能。

1．OSI 管理功能域

（1）配置管理　自动发现网络拓扑结构，构造和维护网络系统的配置。监测网络被管对象的状态，完成网络关键设备配置的语法检查，配置自动生成和自动配置备份系统，对于配置的一致性进行严格的检验。

1）配置信息的自动获取。因为在网络中，需要管理的设备是比较多的，如果每个设备的配置信息都完全依靠管理人员的手工输入，工作量是相当大的，而且还存在出错的可能性。对于不熟悉网络结构的人员来说，这项工作甚至无法完成。因此，一个先进的网络管理系统应该具有配置信息自动获取功能。

2）自动配置、自动备份。配置信息自动获取功能相当于从网络设备中"读"信息，相应的，在网络管理应用中还有大量"写"信息的需求，也就是要完成网络的自动配置功能。

3）配置一致性检查。由于网络设备众多，而且由于管理的原因，这些设备很可能不是由同一个管理人员进行配置的。因此，对整个网络的配置情况进行一致性检查是必需的。主要是针对路由器端口配置和路由信息配置这两项的检查。

4）用户操作记录功能。在配置管理中，需要对用户操作进行记录，并保存下来。管理人员可以随时查看特定用户在特定时间内进行的特定配置操作。

（2）故障管理　过滤、归并网络事件，有效地发现、定位网络故障，给出排错建议与排错工具，形成整套的故障发现、告警与处理机制。

1）故障监测。主动探测或被动接收网络上的各种事件信息，并识别出其中与网络和系统故障相关的内容，对其中的关键部分保持跟踪，生成网络故障事件记录。

2）故障报警。接收故障监测模块传来的报警信息，根据报警策略驱动不同的报警程序，以报警窗口／振铃（通知一线网络管理人员）或电子邮件（通知决策管理人员）发出网络严重故障警报。

3）故障信息管理。依靠对事件记录的分析，定义网络故障并生成故障卡片，记录排除故障的步骤和与故障相关的值班员日志，构造排错行动记录，将事件—故障—日志构成逻辑上相互关联的整体，以反映故障产生、变化、消除的整个过程的各个方面。

4）排错支持工具。向管理人员提供一系列的实时检测工具，对被管设备的状况进行测试并记录下测试结果以供技术人员分析和排错。

5）检索／分析故障信息。浏览阅读并且以关键字检索查询故障管理系统中所有的数据库记录，定期收集故障记录数据，在此基础上给出被管网络系统、被管线路设备的可靠性参数。

（3）性能管理　采集、分析网络对象的性能数据，监测网络对象的性能，对网络线路质量进行分析。同时，统计网络运行状态信息，对网络的使用发展作出评测、估计，为网络进一步规划与调整提供依据。

1）由用户定义被管对象及其属性。被管对象类型包括线路和路由器；被管对象属性包括流量、延迟、丢包率、CPU 利用率、温度、内存余量。对于每个被管对象，定时采集性能数据，自动生成性能报告。

2）阈值控制。可对每一个被管对象的每一条属性设置阈值，对于特定被管对象的特定属性，可以针对不同的时间段和性能指标进行阈值设置。

3）性能分析。对历史数据进行分析，统计和整理，计算性能指标，对性能状况作出判断，为网络规划提供参考。

4）可视化的性能报告。对数据进行扫描和处理，生成性能趋势曲线，以直观的图形反映性能分析的结果。

5）实时性能监控。提供一系列实时数据采集、分析和可视化工具，用以对流量、负载、丢包、温度、内存、延迟等网络设备和线路的性能指标进行实时检测。

6）网络对象性能查询。可通过列表或按关键字检索被管网络对象及其属性的性能记录。

（4）安全管理　结合使用用户认证、访问控制、数据传输、存储的保密与完整性机制，以保障网络管理系统本身的安全。维护系统日志，使系统的使用和网络对象的修改有据可查。控制对网络资源的访问。

（5）计费管理　对网际互联设备按 IP 地址的双向流量统计，产生多种信息统计报告及流量对比，并提供网络计费工具，以便用户根据自定义的要求实施网络计费。

2. 网络管理协议

常见的网络管理协议有 SNMP、CMIS/CMIP、CMOT、LMMP 等。

（1）SNMP　简单网络管理协议（SNMP）是最早提出的网络管理协议之一，它一推出就得到了广泛的应用和支持，特别是很快得到了数百家厂商的支持，其中包括 IBM，HP，SUN 等大公司和厂商。目前 SNMP 已成为网络管理领域中事实上的工业标准，并被广泛支持和应用，大多数网络管理系统和平台都是基于 SNMP 的。

SNMP 作为一种网络管理协议，它使网络设备彼此之间可以交换管理信息，使网络管理员能够管理网络的性能，定位和解决网络的故障，进行网络规划。

SNMP 的网络管理模型由三个关键元素构成：

1）网元（被管理的设备）。它可以是路由器、接放服务器、交换机、网桥、HUB、主机、打印机等设备。网元负责收集和存储管理信息，并使这些信息对于使用 SNMP 的网络管理系统（NMS）是可能的。

2）代理（Agent）。代理是一个网络管理代理模块，它驻留在一个网元中，它掌握本地的网络管理信息，并将此信息转换为 SNMP 兼容的形式，在 NMS 发出请求时做出响应。

3）网络管理系统（NMS，Network Managent System）。NMS 监控和管理网元，提供网络管理所需的处理和存储资源。

4）管理信息库（MIB，Managent Information Base）。它是一个存储管理元素信息的数据库。管理网络中的每一个网元都应该包括一个 MIB，NMS 通过代理读取或设置 MIB 中的变量值，从而实现对网络管理资源的监视和控制。

（2）CMIS/CMIP　公共管理信息服务 / 公共管理信息协议（CMIS/CMIP）是为 OSI 提供的网络管理协议簇。CMIS 定义了每个网络组成部分提供的网络管理服务，这些服务在本质上是很普通的，CMIP 则是实现 CMIS 服务的协议。

OSI 网络协议旨在为所有设备在 ISO 参考模型的每一层提供一个公共网络结构，而CMIS/CMIP 正是这样一个用于所有网络设备的完整网络管理协议簇。

出于通用性的考虑，CMIS/CMIP 的功能与结构跟 SNMP 很不相同，SNMP 是按照简单

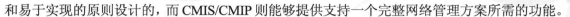

和易于实现的原则设计的，而 CMIS/CMIP 则能够提供支持一个完整网络管理方案所需的功能。

CMIS/CMIP 的整体结构是建立在使用 ISO 网络参考模型的基础上的，网络管理应用进程使用 ISO 参考模型中的应用层。在这层上，公共管理信息服务单元（CMISE）提供了应用程序使用 CMIP 协议的接口。

（3）CMOT　公共管理信息服务与协议（CMOT）是在 TCP/IP 协议簇上实现 CMIS 服务，这是一种过渡性的解决方案，直到 OSI 网络管理协议被广泛采用。

（4）LMMP　局域网个人管理协议（LMMP）试图为 LAN 环境提供一个网络管理方案。LMMP 以前被称为 IEEE802 逻辑链路控制上的公共管理信息服务与协议（CMOL）。由于该协议直接位于 IEEE802 逻辑链路层（LLC）上，它可以不依赖于任何特定的网络层协议进行网络传输。

8.2　网络安全

网络安全的问题主要包括：

（1）机房安全　机房是网络设备运行的关键地，如果发生安全问题，如物理安全（火灾、雷击、盗贼等）、电气安全（停电、负载不均等）等情况。

（2）病毒的侵入和黑客的攻击　Internet 开拓性的发展使病毒可能成为灾难。据美国国家计算机安全协会（NCSA）最近一项调查发现，几乎 100% 的美国大公司都曾在他们的网络或台式机上经历过计算机病毒的危害。黑客对计算机网络构成的威胁大体可分为两种：一是对网络中信息的威胁；二是对网络中设备的威胁。以各种方式有选择地破坏信息的有效性和完整性；进行截获、窃取、破译，以获得重要的机密信息。

（3）管理不健全而造成的安全漏洞　从广泛的网络安全意义范围来看，网络安全不仅仅是技术问题，更是一个管理问题。它包含管理机构、法律、技术、经济各方面。网络安全技术只是实现网络安全的工具。因此要解决网络安全问题，必须要有综合的解决方案。

1. 机房安全

（1）机房物理安全　需要布置一个宽大、安全的设备间。每排设备架间要留出足够的空间，以便于安全地移动设备而不必担心撞上设备架。其实哪怕是一小堆电缆也能引起停工。给每个电缆贴上标签，并保持良好的排放顺序是完全必要的。设备间有防火灾、防地震、防雷击的措施。网络备份点放在和设备间不同的地方。对于关键设备配置的备份，当任何时候所需设备改变时，都要及时做修改备份。

（2）机房电气安全　系统故障往往先出在通信设备的电源上，因此首要的任务是保证网络设备的电源供应。如果设备是直流供电，那么就需要一个从交流变换到直流的整流器。变换过程并不能保证不出现电源故障，因而需要电池作为备用的不间断能源。同样，如果系统设备需要使用交流供电系统供电的话，可以考虑采用 UPS 来为系统设备提供备用的交流电源。

2. 网络病毒与防治

（1）网络病毒　病毒本身已是令人头痛的问题。但随着 Internet 开拓性的发展，网络病毒出现了，它是在网络上传播的病毒，为网络带来灾难性的后果。网络病毒的来源主要有两种：

1）来自文件下载。这些被浏览的或是通过 FTP 下载的文件中可能存在病毒。而共享软件（public shareware）和各种可执行的文件，如格式化的介绍性文件（formatted presentation）已经成为病毒传播的重要途径。并且，Internet 上还出现了 Java 和 Active X 形式的恶意小程序。

2）来自于电子邮件。大多数的 Internet 邮件系统提供了在网络间传送附带格式化文档邮件的功能。只要简单地敲键盘，邮件就可以发给一个或一组收信人。因此，受病毒感染的文档或文件就可能通过网关和邮件服务器涌入企业网络。

（2）网络病毒的防治　网络病毒的防治必须考虑安装病毒防治软件。

安装的病毒防治软件应具备四个特性：

1）集成性：所有的保护措施必须在逻辑上是统一的和相互配合的。

2）单点管理：作为一个集成的解决方案，最基本的一条是必须有一个安全管理的聚焦点。

3）自动化：系统需要有能自动更新病毒特征码数据库和其他相关信息的功能。

4）多层分布：这个解决方案应该是多层次的，适当的防毒部件在适当的位置分发出去，最大限度地发挥作用，而又不会影响网络负担。防毒软件应该安装在服务器工作站和邮件系统上。

（3）常用防病毒软件　目前流行的几个国产反病毒软件几乎占有了 80% 以上的国内市场，其中江民 KV300、信源 VRV、金辰 KILL、瑞星 RAV 等四个产品更是颇具影响。近几年国外产品陆续进入中国，如 NAI、ISS、CA 等。

3．网络黑客与防范措施

黑客最早源自英文 hacker，早期在美国的计算机界是带有褒义的。但在媒体报导中，黑客一词往往指那些"软件骇客"（software cracker）。黑客一词，原指热心于计算机技术，水平高超的计算机专家，尤其是程序设计人员。但到了今天，黑客一词已被用于泛指那些专门利用计算机搞破坏或恶作剧的家伙。对这些人的正确英文叫法是 Cracker，有人翻译成"骇客"。黑客和骇客根本的区别是：黑客们建设，而骇客们破坏。本书中后面所说的"黑客"就是指那些专门利用计算机搞破坏或恶作剧的家伙。

（1）网络黑客的攻击方法

1）获取口令。包括：① 通过网络监听非法得到用户口令；② 在知道用户的账号后（如电子邮件 @ 前面的部分）利用一些专门软件强行破解用户口令；③ 在获得一个服务器上的用户口令文件（此文件成为 Shadow 文件）后，用暴力破解程序破解用户口令。

2）放置特洛伊木马程序。特洛伊木马程序可以直接侵入用户的计算机并进行破坏，它常被伪装成工具程序或者游戏等诱使用户打开带有特洛伊木马程序的邮件附件或从网上直接下载，一旦用户打开了这些邮件的附件或者执行了这些程序之后，它们就会像古特洛伊人在敌人城外留下的藏满士兵的木马一样留在自己的计算机中，并在自己的计算机系统中隐藏一个可以在 windows 启动时悄悄执行的程序。黑客在收到这些信息后，再利用这个潜伏在其中的程序，就可以任意地修改您计算机中的参数设定，复制文件，窥视你整个硬盘中的内容等，从而达到控制你的计算机的目的。

3）WWW 的欺骗技术。在网上用户可以利用 IE 等浏览器进行各种各样的 Web 站点的访问，如阅读新闻组、咨询产品价格、订阅报纸、电子商务等。然而一般的用户恐怕不会想到有这些问题存在：正在访问的网页已经被黑客篡改过，网页上的信息是虚假的！例如黑客将用户要浏览的网页的 URL 改写为指向黑客自己的服务器，当用户浏览目标网页的时候，实际上是向黑客服务器发出请求，那么黑客就可以达到欺骗的目的了。

4）电子邮件攻击。电子邮件攻击主要表现为两种方式：① 电子邮件轰炸和电子邮件"滚雪球"，也就是通常所说的邮件炸弹；② 电子邮件欺骗，攻击者假称自己为系统管理员（邮件地址和系统管理员完全相同），给用户发送邮件要求用户修改口令（口令可能为指定字符串）。

5）通过一个节点来攻击其他节点。黑客在突破一台主机后，往往以此主机作为根据地，攻击其他主机（以隐蔽其入侵路径，避免留下蛛丝马迹）。

6）网络监听。网络监听是主机的一种工作模式，在这种模式下，主机可以接受到本网段在同一条物理通道上传输的所有信息，而不管这些信息的发送方和接受方是谁。此时，如果两台主机进行通信的信息没有加密，只要使用某些网络监听工具，例如 NetXray for windows 95/98/nt，sniffit for linux、solaries 等就可以轻而易举地截取包括口令和账号在内的信息资料。

7）寻找系统漏洞。

8）利用账号进行攻击。有的黑客会利用操作系统提供的默认账户和密码进行攻击。

9）偷取特权。利用各种特洛伊木马程序、后门程序和黑客自己编写的导致缓冲区溢出的程序进行攻击，前者可使黑客非法获得对用户机器的完全控制权，后者可使黑客获得超级用户的权限，从而拥有对整个网络的绝对控制权。这种攻击手段，一旦奏效，危害性极大。

（2）防范措施

1）经常做 telnet、ftp 等需要传送口令的重要机密信息应用的主机应该单独设立一个网段。

2）专用主机只开专用功能，网管网段路由器中的访问控制应该限制在最小限度，研究清楚各进程必需的进程端口号，关闭不必要的端口。

3）对用户开放的各个主机的日志文件全部定向到一个 syslogd server 上，集中管理。

4）网管不得访问 Internet。并建议设立专门机器使用 ftp 或 WWW 下载工具和资料。

5）提供电子邮件、WWW、DNS 的主机不安装任何开发工具，避免攻击者编译攻击程序。

6）网络配置原则是"用户权限最小化"，例如关闭不必要或者不了解的网络服务，不用电子邮件寄送密码。

7）下载安装最新的操作系统及其他应用软件的安全和升级补丁，安装几种必要的安全加强工具。

8）定期检查系统日志文件，在备份设备上及时备份。

9）定期检查关键配置文件（最长不超过一个月）。

10）制定详尽的入侵应急措施以及汇报制度。

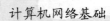

4．防火墙技术

（1）防火墙原理　　防火墙（FireWall）成为近年来新兴的保护计算机网络安全技术性措施。它是一种隔离控制技术，在某个机构的网络和不安全的网络（如 Internet）之间设置屏障，阻止对信息资源的非法访问，也可以使用防火墙阻止重要信息从企业的网络上被非法输出。

作为 Internet 网的安全性保护软件，FireWall 已经得到广泛的应用。通常企业为了维护内部的信息系统安全，在企业网和 Internet 间设立 FireWall 软件。企业信息系统对于来自 Internet 的访问，采取有选择的接收方式。它可以允许或禁止一类具体的 IP 地址访问，也可以接收或拒绝 TCP/IP 上的某一类具体的应用。如果在某一台 IP 主机上有需要禁止的信息或危险的用户，则可以通过设置使用 FireWall 过滤掉从该主机发出的包。如果一个企业只是使用 Internet 的电子邮件和 WWW 服务器向外部提供信息，那么就可以在 FireWall 上设置，使得只有这两类应用的数据包可以通过。这对于路由器来说，就要不仅分析 IP 层的信息，而且还要进一步了解 TCP 传输层甚至应用层的信息以进行取舍。FireWall 一般安装在路由器上以保护一个子网，也可以安装在一台主机上，保护这台主机不受侵犯。

（2）防火墙的种类　　从实现原理上分，防火墙的技术包括四大类：网络级防火墙（也叫包过滤型防火墙）、应用级网关、电路级网关和规则检查防火墙。它们之间各有所长，具体使用哪一种或是否混合使用，要看具体需要。

（3）防火墙的使用　　在具体应用防火墙技术时，还要考虑到两个方面：

1）防火墙是不能防病毒的，尽管有不少的防火墙产品声称其具有这个功能。

2）防火墙技术的另外一个弱点在于数据在防火墙之间的更新是一个难题，如果延迟太大将无法支持实时服务请求。并且，防火墙采用滤波技术，滤波通常使网络的性能降低 50% 以上，如果为了改善网络性能而购置高速路由器，又会大大提高经济预算。

总之，防火墙是企业网安全问题的流行方案，即把公共数据和服务置于防火墙外，使其对防火墙内部资源的访问受到限制。作为一种网络安全技术，防火墙具有简单实用的特点，并且透明度高，可以在不修改原有网络应用系统的情况下达到一定的安全要求。

8.3　Internet 的安全问题

Internet 的普及提高了社会的信息化水平，但是随之所暴露出来的信息安全问题也越来越多。这是因为 Internet 的出现主要是为了解决不同结构、不同操作系统、不同网络协议的各种网络互连问题，所以在 Internet 出现的初期，不可能对开放、共享有限制的安全机制设计得很完善。同样，TCP/IP 协议主要的意义在于实现网络的互连，而在安全方面存在许多漏洞。下面就几个主要问题进行介绍。

1．保护好账号和密码

账号和密码是我们进入 Internet 网络世界的钥匙，妥善应用和保管很重要，以下的几点经验有助于做好这项工作。

（1）经常更新 Windows 补丁，修复安全漏洞　　由于 Windows 系统的高兼容性导致了频繁暴露的系统漏洞，很多病毒木马等程序正是利用操作系统的漏洞，入侵计算机。应经

常更新 Windows 操作系统补丁，修复相关安全漏洞。

（2）不随意访问可疑网址　　不要随意访问游戏中或其他地方出现的各类可疑网址，一些游戏视频下载网址很可能含有木马程序。不少内容不健康及不知名的网站页面中就嵌入了恶意代码，打开网站后将可能自动下载木马入侵计算机。另外，许多即时通信软件（如：QQ，MSN，ICQ，EPH 等）上的好友所发送过来的网址或传送的图片以及相关文件也不能随便点击与接收，除非您确认此地址的安全性，否则很有可能带有木马或病毒，这是上网的基本常识。

（3）拒绝外挂　　现在很多外挂程序的下载网站，本身就伴随着流氓软件、恶意代码的自动下载入侵，而且相当多的外挂程序绑定了木马程序，使用者往往得不偿失。呼吁广大玩家"远离外挂，健康游戏"。

（4）定期查杀病毒　　目前杀毒软件，清除流氓木马软件比较多，可选性比较大，为了游戏账号的安全，务必使用一种能够实时更新的杀毒软件。

（5）对任何向您索要密码的行为说"不"　　牢记"永不将账号和密码告诉他人"的账号保护原则。官方人员不可能，也不会通过线上活动。确认中奖及游戏中询问等任何方式索取账号和密码，更不可能用 QQ 跟玩家去核对中奖信息。

（6）鉴别假官网的获奖信息　　任何官方举办的或者是媒体网站举办的有奖活动，在官方网站或论坛上都会有活动的宣传和通告，而且中奖玩家名单也会在官方网站或论坛上发布。如果中奖，官方也不会索要游戏密码及相关费用，目前假冒官网来骗取玩家账号和密码的现象很多。

2．IE 浏览器使用时的安全问题

当你在享受互联网带来的便利时，有没有注意到它也会在悄无声息中带来危险？尤其是在网上购物、注册邮箱或者注册网站会员的时候，你能保证所提交的个人信息不会被窃取吗？我们常用的 Windows 捆绑的 IE 浏览器，虽然简单易用，但却存在安全隐患，那么该如何防范呢？

1）不要在网页中随便使用"记住我的密码"选项。

2）不要轻易浏览一些自己并不了解的站点。

3）根据情况设置 IE 浏览器的安全级别，禁用或提示对 ActiveX 脚本功能的支持。

4）IE 的 Cookie。Cookie 是系统中一个特殊的文本型文件，它是由 Web 服务器保存在用户硬盘中的一段数据信息。通常包含用户上网时的一些浏览记录。有一些 Web 站点能自动识别出你登录时使用的账号名称等，其实就是利用了 Cookie。可以通过设置不同的安全级别来限制 Cookie 的使用，也可以彻底删除 Cookie。当然使用个人防火墙也可以对 Cookie 的允许、提示、禁止等功能进行使用限制。

3．收发邮件时的安全问题

电子邮件作为一种方便快捷的联络工具，已在我们的生活中正起着越来越重要的作用，大家都亲切地称它为"伊妹儿"。然而你是否担心过邮件的安全问题呢？也许你认为这些距离很遥远，认为这些都是所谓"黑客"做的事情，其实威胁就在眼前。

（1）Web 信箱　　Web 信箱是可用浏览器访问的免费信箱，如网易、Hotmail 等。我们先来做一个简单的实验，使用浏览器进入你的信箱，然后随便看几封 E-Mail。直接关掉窗

口，或者在地址栏里输入新的地址离开当前页面。然后，点浏览器的"文件"选择"脱机浏览"，再点"历史"，找到 Web 信箱的历史记录，这时可能会弹出"是否连接"的窗口，选择"脱机浏览"。刚才浏览的 E-Mail，以及刚才写的 E-Mail 就这样轻松地看到了！你的隐私就危险了。解决办法是每次用完信箱，记着点网页里的"退出登录"。

（2）电子邮件轰炸　轰炸信箱无非就是发送大量的垃圾邮件造成对方收发电子邮件的困难。常用的方法有三种：① 直接轰炸，使用一些发垃圾邮件的专用工具，通过多个 SMTP 服务器进行发送。这种方法的特点是速度快，直接见效。② 使用"电邮卡车"之类的软件，通过一些公共服务的服务器对信箱进行轰炸。这种轰炸方式很少见，但是危害很大。③ 给目标电子信箱订阅大量的邮件广告。解决办法：首先申请几个免费电子邮件信箱，最好别用 ISP 的收费信箱。接着设置过滤器，下面我们以 126.COM 为例：选择"收件过滤器"的"新建"，然后在"如果邮件主题"选项后面选择"包含"，然后在文本框中输入你要包含的文字，在"选择本规则操作"中选择"转发到指定用户"，然后输入你想要转发的电子邮件的地址。

（3）密码问题　设置的密码要不容易被猜中，其实在字母中夹杂数字和符号就可以确保密码的安全性。

（4）木马问题　这是网吧上网最容易碰到的问题，有时是有些人无意中执行了木马程序而被别人扫描到了。由于木马的危险性相当大，所以最好的办法还是使用杀毒软件。

（5）冒名顶替　普通的电子邮件缺乏安全认证，所以冒充别人发送邮件并不是难事。曾几何时，假借腾讯公司发送中奖信息的电子邮件就不知道害了多少人。如果你不想让别人冒充你的名义发送邮件，数字验证技术不失为一个好办法，可以到 263 去申请数字签名。

4. 安装防毒软件和个人防火墙软件

安装一款合适的防毒软件和个人防火墙，是一个良好的习惯。如瑞星防毒软件和个人防火墙等。一般用户最好只装一个主流杀毒软件（如：卡巴斯基、金山、江民、瑞星等），其他的如防火墙网络监控等软件安装几个都没问题。

练　习　题

8-1　选择题

1）OSI 规定的网络管理的功能域不包括（　　）。

　A．计费管理　　　　　　　　　　　B．安全管理

　C．性能管理　　　　　　　　　　　D．操作人员管理

2）网络管理使用（　　）协议。

　A．SMTP　　　　　　B．TCP　　　　　　C．SNMP　　　　　　D．FTP

3）防火墙是指（　　）。

　A．防止一切用户进入的硬件

　B．阻止侵权进入和离开主机的通信硬件或软件

　C．记录所有访问信息的服务器

　D．处理出入主机邮件的服务器

8-2 填空题

1）网络管理的基本功能是_____，_____，_____，_____和_____。

2）配置管理能自动发现_____，构造和维护网络系统的配置。

3）SNMP 的网络管理模型由三个关键元素构成：① 网元（被管理的设备）；② 代理（Agent）和③_____（NMS，Network Managent System）。

4）网络安全的问题主要有三类：一是机房安全，二是_____，三是管理不健全而造成的安全漏洞。

8-3 简答题

1）在使用 Internet 时，应注意哪四个方面的问题？

2）简述网络黑客攻击的方法及应对措施。

本 章 小 结

本章主要介绍了网络管理的五个功能域、网络安全的有关知识以及 Internet 的安全问题。

在 OSI 网络管理标准中定义了网络管理的五大功能：配置管理、性能管理、故障管理、安全管理和计费管理，这五大功能是网络管理最基本的功能。

网络安全的问题主要有三类：一是机房安全，二是病毒的侵入和黑客的攻击，三是管理不健全而造成的安全漏洞。

为了安全使用 Internet，应注意以下问题：① 保护好账号和密码；② IE 浏览器使用时的安全问题；③ 收发邮件时的安全问题；④ 安装防毒软件和个人防火墙软件。

第9章

无线局域网

职业能力目标

1）了解无线局域网的概念。

2）了解无线局域网的常用传输技术。

3）了解无线局域网的标准。

4）了解无线局域网的组网模式和应用场合。

9.1 无线局域网简介

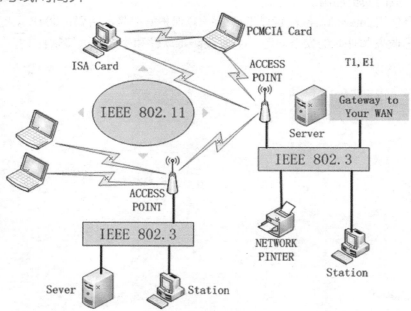

图 9-1 无线局域网举例图

一般来讲，凡是采用无线传输媒体的计算机网络都称为无线网，如图 9-1 所示。

无线局域网络（Wireless Local Area Networks; WLAN）是相当便利的数据传输系统，它利用射频（Radio Frequency; RF）的技术，取代旧式的双绞铜线（Coaxial）所构成的局域网络，使得无线局域网络能利用简单的存取架构让用户透过它，达到"信息随身化、便利走天下"的理想境界。

1．为什么要使用无线局域网

局域网管理工作中的铺设电缆或是检查电缆是否断线这种耗时的工作，很容易令人烦躁，也不容易在短时间内找出断线所在。而且，由于配合企业及应用环境不断的更新与发展，原有的企业网络必须配合重新布局，需要重新安装网络线路，　虽然电缆本身并不贵，可是请技术人员来配线的成本很高，尤其是老旧的大楼，配线工程费用就更高了。因此，架设无线局域网络就成为最佳解决方案。

2．什么情形需要无线局域网

无线局域网络绝不是用来取代有线局域网络，而是用来弥补有线局域网络中的不足，以达到网络延伸的目的，下列情形可能需要无线局域网络。

1）无固定工作场所的使用者。

2）有线局域网络架设受环境限制。

3）作为有线局域网络的备用系统。

3．无线局域网的传输技术

无线局域网的传输技术常用的有两种：红外线辐射传输技术和扩展频谱技术。目前使用最广泛的就是扩展频谱技术。

（1）基于红外线的无线局域网　基于红外线的传输技术最近几年有了很大发展。目前广泛使用的家电遥控器几乎都是采用的红外线传输技术。作为无线局域网的传输方式，红外线方式的最大优点是这种传输方式不受无线电干扰，且红外线的使用不受国家无线管理委员会的限制。然而，红外线对非透明物体的透过性极差，这导致传输距离受限制。所以红外线并不是很适用于移动连接。常见的基于红外线的无线局域网主要有漫射红外线无线局域网和点对点红外线无线局域网两种。

（2）扩展频谱方式　在扩展频谱方式中，数据基带信号的频谱被扩展至几倍～几十倍再被搬移至射频发射出去。这一做法虽然牺牲了频带带宽，却提高了通信系统的抗干扰能力和安全性。由于单位频带内的功率降低，因此对其他电子设备的干扰也减小了。采用扩展频谱方式的无线局域网一般选择所谓的 ISM 频段，这里 ISM 分别取自 Industrial、Scientific 及 Medical 的第一个字母。许多工业、科研和医疗设备辐射的能量集中于该频段。欧、美、日等国家的无线管理机构分别设置了各自的 ISM 频段。例如美国的 ISM 频段由 902 ～ 928MHz，2.4 ～ 2.484GHz，5.725 ～ 5.850GHz 三个频段组成。如果发射功率及带外辐射满足美国联邦通信委员会（FCC）的要求，则无需向 FCC 提出专门的申请即可使用这些 ISM 频段。

扩展频谱技术的优点很多。①很强的抗干扰能力。频谱扩展得越宽，抗干扰能力就越强。②安全保密。③抗多径干扰能力。④可进行多址通信。

展频技术主要又分为"跳频技术"及"直接序列"两种方式。而此两种技术是在第二次世界大战中军队所使用的技术，其目的是希望在恶劣的战争环境中，依然能保持通信信号的稳定性及保密性。

9.2 无线局域网的标准

应无线局域网络的强烈需求，美国的国际电子电机学会于 1990 年 11 月召开了 802.11 委员会，开始制定无线局域网络标准。

承袭 IEEE802 系列，802.11 规范了无线局域网络的介质存取控制层（Medium Access Control；MAC）及实体层（Physical；PHY）。比较特别的是由于实际无线传输的方式不同，IEEE802.11 在统一的 MAC 层下面规范了各种不同的实体层，以适应目前的情况及未来的技术发展。目前 802.11 中制订了三种介质的实体，为了未来技术的扩充性，也都提供了多重速率（Mulitiple Rates）的功能。这三个实体分别是：

（1）2.4GHz Direct Sequence Spread Spectrum（2.4GHz 直接扩频技术）

速率 1Mbit/s 时用 DBPSK 调变（Difference By Phase Shift Keying）

速率 2Mbit/s 时用 DQPSK 调变（Difference Quarter Phase Shift Keying）

接收敏感度 –80dbm

用长度 11 的 Barker 码当展频 PN 码。

（2）2.4GHz Frequency Hopping Spread Spectrum（2.4GHz 跳频技术）

速率 1Mbit/s 时用 2-level GFSK 调变，接收敏感度 –80dbm，

速率 2Mbit/s 时用 4-level GFSK 调变，接收敏感度 –75dbm，

每秒跳 2.5 个 hops

Hopping Sequence 在欧美有 22 组，在日本有 4 组

（3）Diffused IR（红外线漫射技术）

速率 1Mbit/s 时用 16ppm 调变，接收敏感度 $2 \times 10^{-5} \text{mW/cm}^2$

速率 2Mbit/s 时用 4ppm 调变，接收敏感度 $8 \times 10^{-5} \text{mW/cm}^2$

波长 850nm ～ 950nm

其中前两种在 2.4GHz 的射频方式是依据 ISM 频段以展频技术可做不需授权使用的规定，这个频段的使用在全世界包含美国、欧洲、日本、中国台湾地区等都有开放。第三项的红外线由于目前使用上没有任何管制（除了安全上的规范），因此也是自由使用的。

IEEE 802.11 MAC 的基本存取方式称为 CSMA/CA（Carrier Sense Multiple Access with Collision Avoidance），与以太网所用的 CSMA/CD（Collision Detection）变成了碰撞防止（Collision Avoidance），这一字之差是很大的。因为在无线传输中感测载波及碰撞侦测都是不可靠的，感测载波有困难。另外通常无线电波经天线送出去时，自己是无法监视到的，因此碰撞侦测实质上也做不到。在 802.11 中感测载波是由两种方式达成的，第一是实际去听是否有电波在传，及加上优先权的观念。另一个是虚拟的感测载波，告知大家需要多长时间传东西，以防止碰撞。

9.3 无线局域网的应用

（1）大楼之间　大楼之间建构网络的连接，取代专线，简单又便宜。

（2）餐饮及零售　餐饮服务业可使用无线局域网络产品，直接从餐桌即可输入并传送客人点菜内容至厨房、柜台。零售商促销时，可使用无线局域网络产品设置临时收银柜台。

（3）医疗　使用附无线局域网络产品的手提式计算机取得实时信息，医护人员可借此避免对伤患救治的迟延、不必要的纸上作业、单据循环的迟延及误诊等，而提升对伤患照顾的品质。

（4）企业　当企业内的员工使用无线局域网络产品时，不管他们在办公室的任何一个角落，有无线局域网络产品，就能随意地发电子邮件、分享档案及上网浏览。

（5）仓储管理　一般仓储人员的盘点事宜，透过无线网络的应用，能立即将最新的资料输入计算机仓储系统。

（6）货柜集散场　一般货柜集散场的桥式起重车，可于调动货柜时，将实时信息传回办公室，以利相关作业的进行。

（7）监视系统　一般位于远方且需受监控现场的场所，由于布线困难，可借由无线网络将远方的影像传回主控站。

（8）展示会场　诸如一般的电子展、计算机展，由于网络需求极高，而且布线又会让会场显得凌乱，因此若能使用无线网络，则是再好不过的选择。

9.4　无线局域网组网

无线局域网由无线网卡、无线接入点、计算机和有关设备组成，采用单元结构，整个系统被分割成许多单元，每个单元称为基本服务组（Basic Service Set, BSS）。BSS 的组成有两种方式，一种为分布对等式，此时 BSS 中任意两个终端可直接通信，无需中心转接站，这种方式结构简单、使用方便，但 BSS 区域较小，如图 9-2a 所示；另一种为集中控制式，每个 BSS 由一个中心站控制，网中的终端在该中心站的协调下与其他终端通信，这种方式下需使用比较昂贵的中心站，但 BSS 区域较大，如图 9-2b 所示。

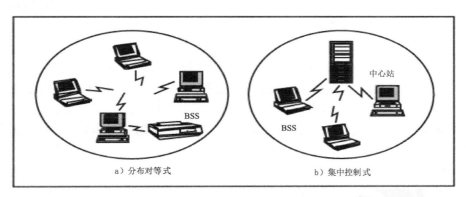

a）分布对等式　　　　　　　　b）集中控制式

图 9-2　BSS 的组成

对网络用户来讲，希望 BSS 服务区越大越好。然而，考虑到无线资源的有效利用和天线技术的限制，BSS 不可能太大，通常 BSS 服务区的范围在几百米以内。

无线局域网可单独使用，也可与有线局域网互连使用。IEEE802.11 标准支持以下两种类型的无线局域网：

（1）自组无线局域网　它是由一个 BSS 构成，不与其他有线或无线网络发生联系，可看作是多区无线局域网的特例。

（2）多区无线局域网　用无线接入点和骨干网把多个BSS互连起来，形成一个大小任意、复杂度高的多区局域网，这个骨干网可以是有线网，也可以是无线网，这时所有的BSS组合称为扩展服务组（Extended Service Set，ESS）。

在这种类型的组网中有一个特殊例子，即中继方式，它是将两个距离较远的局域网通过两个无线设备（通常是无线网桥）点对点连接，以扩大网络覆盖范围。这两个局域网可以是有线局域网，也可以是无线局域网。在架设高增益定向天线的情况下，传输距离可达30km。多区无线局域网如图9-3所示。

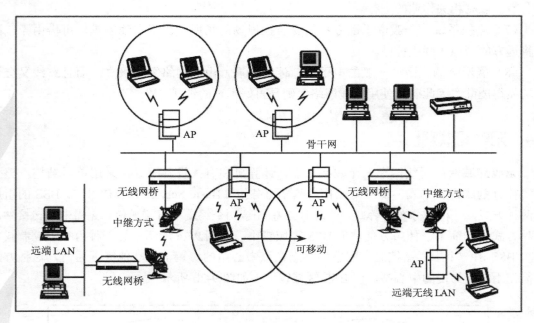

图9-3　多区无线局域网

图9-3中，用户终端可通过无线接入点接入骨干网，用户终端可以是固定的，也可以是移动的。若几个无线接入点的BSS相互重叠，则用户可在这几个BSS内自由移动并保证通信不中断，这与蜂窝移动通信中用户越区切换的道理是一样的。同时，图9-3中还显示了中继方式的组网，即通过无线网桥把远端局域网接入本地骨干网。图9-3中共有两种远端局域网：有线局域网和无线局域网。

从应用实践来看，在美国等发达国家，移动计算设备很普及，特别强调利用信息的便捷性和移动性，因此组网方式多以移动设备通过AP接入网络为主；而在我国，由于移动计算要求不迫切，公用数据网还不是十分发达，且价格昂贵，所以组网多采用中继方式。

练　习　题

9-1　选择题

无线局域网的标准是（　　　）。

　　A．IEEE802.1　　　　B．IEEE802.6　　　　C．IEEE802.5　　　　D．IEEE802.11

9-2 填空题

1）无线局域网的主要传输技术有＿＿＿＿＿＿＿＿和＿＿＿＿＿＿＿＿＿＿。

2）IEEE802.11 标准支持两种类型的无线局域网：＿＿＿＿＿和＿＿＿＿＿＿。

9-3 简答题

1）简述无线局域网的应用领域。

2）简述无线局域网的组成。

本 章 小 结

本章主要介绍了无线局域网的概念、传输技术、相关标准、应用领域和组网模式。一般来讲，凡是采用无线传输媒体的计算机网络都可称为无线网。无线局域网的传输技术常用的有两种：红外线辐射传输技术和扩展频谱技术。目前使用最广泛的就是扩展频谱技术。目前 802.11 中制订了三种介质的实体，为了未来技术的扩充性，也都提供了多重速率（Mulitiple Rates）的功能。无线局域网的应用场合主要有大楼之间、餐饮及零售、医疗、企业、仓储管理、货柜集散场、监视系统和展示会场等。IEEE802.11 标准支持以下两种类型的无线局域网：自组无线局域网，多区无线局域网。

第10章

计算机网络基础实验

职业能力目标

1）会制作网线。

2）能接入互联网。

3）会搭建对等网。

4）会架设 WEB 和 FTP 服务器。

实验一　双绞线的制作与 TCP/IP 设置

一、实验目的和要求

1）掌握双绞线的制作技巧。

2）掌握 TCP/IP 的设置方法。

二、实验内容和步骤

1. 制作双绞线

双绞线有两种接法：EIA/TIA 568B 标准和 EIA/TIA 568A 标准。

568A 线序

1	2	3	4	5	6	7	8
绿白	绿	橙白	蓝	蓝白	橙	棕白	棕

T568B 线序

1	2	3	4	5	6	7	8
橙白	橙	绿白	蓝	蓝白	绿	棕白	棕

直通线：两头都按 T568B 线序标准连接。

交叉线：一头按 T568A 线序连接，一头按 T568B 线序连接。

设备之间的连接方法：

1）网卡与网卡：10M、100M 网卡之间直接连接时，可以不用 Hub，应采用交叉线接法。

2）网卡与光收发模块：将网卡装在计算机上，做好设置；给收发器接上电源，严格按照说明书的要求操作；用双绞线把计算机和收发器连接起来，双绞线应为交叉线接法；用光跳线把两个收发器连接起来，如收发器为单模，跳线也应用单模的。光跳线连接时，一端接RX，另一端接 TX，如此交叉连接。不过现在很多光模块都有调控功能，交叉线和直通线都可以用。

3）光收发模块与交换机：用双绞线把计算机和收发器连接起来，双绞线为直通线接法。

4）网卡与交换机：双绞线为直通线接法。

5）集线器与集线器（交换机与交换机）：两台集线器（或交换机）通过双绞线级联，双绞线接头中线对的分布与连接网卡和集线器时有所不同，必须要用交叉线。这种情况适用于那些没有标明专用级联端口的集线器之间的连接，而许多集线器为了方便用户，提供了一个专门用来串接到另一台集线器的端口，在对此类集线器进行级联时，双绞线均应为直通线接法。

用户如何判断自己的集线器（或交换机）是否需要交叉线连接呢？主要方法有以下几种：

① 查看说明书。如果该集线器在级联时需要交叉线连接，一般会在设备说明书中进行说明。

② 查看连接端口。如果该集线器在级联时不需要交叉线，大多数情况下都会提供 1 ～ 2个专用的互连端口，并有相应标注，如"Uplink"、"MDI"、"Out to Hub"，表示使用直通线连接。

③ 实测。这是最管用的一种方法。可以先制作两条用于测试的双绞线，其中一条是直通线，另一条是交叉线。之后，用其中的一条连接两个集线器，这时注意观察连接端口对应的指示灯，如果指示灯亮表示连接正常，否则换另一条双绞线进行测试。

6）交换机与集线器之间：交换机与集线器之间也可通过级联的方式进行连接。级联通常是解决不同品牌的交换机之间以及交换机与集线器之间连接的有效手段。

对于扩充端口的数量还有另一种方式是堆叠。堆叠是扩展端口最快捷、最便利的方式，但不是所有的交换机都支持堆叠。堆叠通常需要使用专用的堆叠电缆，还需要专门的堆叠模块。另外，同一组堆叠交换机必须是同一品牌，并且在物理连接完毕之后，还要对交换机进行设置，才能正常运行。对于堆叠的接法，有兴趣的读者可进一步查阅相关资料，这里不作深究。

2．TCP/IP 设置方法

1）Windows 2000 及 Windows XP 系统：先进入控制面板，再进入"网络连接"（或"网络与拨号连接"）窗口，右键单击"本地连接"，选择"属性"，进入设置窗口（或者右键单击桌面"网上邻居"属性，再右键单击"本地连接"，选择"属性"，进入设置窗口）。

2）Windows 2000 及 Windows XP 系统：单击"常规"选项卡，单击"安装"按钮。

3）如果您的 TCP/IP 协议已经安装，则"配置"选项卡中"已经安装了的网络组件"的列表中包含"TCP/IP"这一项。（注意：TCP/IP 必须是对应您的网卡才有效，对应于"拨号网络适配器"无效。蓝色高亮选中的才是有效的 TCP/IP 协议（符号"->"后面为网卡的型号）。在列表中单击"TCP/IP"项，再单击"属性"按钮，在"属性"对话框中按要求设置属性。

4）选择"指定 IP 地址"，"IP 地址"与"子网掩码"由网络中心指定，同时启用"DNS配置"，DNS 服务器由网络中心指定。

三、实验与思考

双绞线必须制作正确，在物理上连接好以后，还必须正确设置 TCP/IP 协议，这样才能正常上网。

实验二　Windows XP 对等网的安装及设置

一、实验目的和要求

1）掌握对等网的硬件安装过程。
2）掌握对等网的有关设置方法。
3）掌握资源共享的方法。
4）掌握对等网的管理方法。

二、实验内容和步骤

（一）网络硬件的安装设置

1．安装网卡

1）把网卡插入计算机的总线插槽，并用螺丝固定好。

2）由于 Windows XP 操作系统中内置了各种常见硬件的驱动程序，因此安装网络适配器变得非常简单。对于常见的网络适配器，用户只需将网络适配器正确安装在主板上，系统即会自动安装其驱动程序，无需用户手动配置。

2．连接网线

把双绞线的接头的一端插入计算机中的网卡上，另一端插入集线器或交换机的任意一个接口。

（二）配置网络协议

网络协议规定了网络中各用户之间进行数据传输的方式。

1）在网上邻居图标上单击鼠标右键打开"网络连接"窗口，如图 10-1 所示。

2）在该对话框中，右击"本地连接"图标，在弹出的快捷菜单中选择"属性"命令，打开"本地连接属性"对话框中的"常规"选项卡，如图 10-2 所示。

3）在该选项卡中单击"安装"按钮，打开"选择网络组件类型"对话框，如图 10-3 所示。

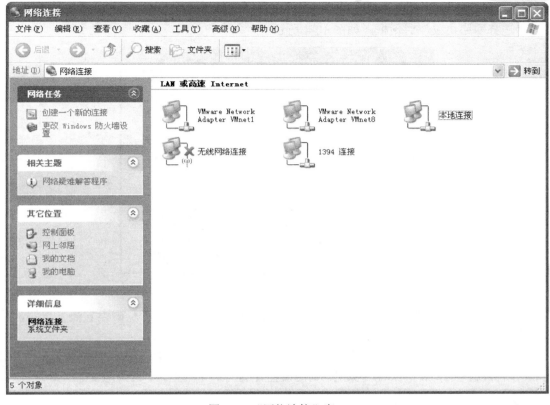

图 10-1　"网络连接"窗口

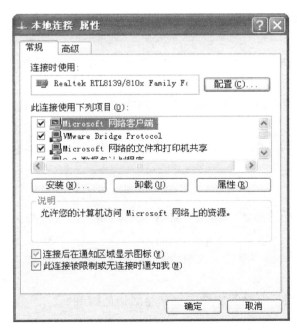

图 10-2　"本地连接属性"常规选项卡

图 10-3　"选择网络组件类型"对话框

4）在"单击要安装的网络组件类型"列表框中选择"协议"选项，单击"添加"按钮，打开"选择网络协议"对话框，如图10-4所示。

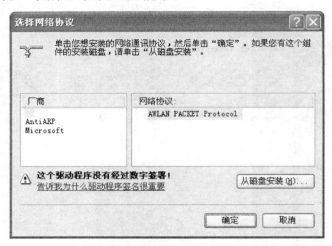

图10-4 "选择网络协议"对话框

5）在"网络协议"列表框中选择要安装的网络协议，或单击"从磁盘安装"按钮，从磁盘安装需要的网络协议，单击"确定"按钮。

6）安装完成后，在"常规"选项卡中的"此连接使用下列项目"列表框中即可看到所安装的网络协议。若添加了 TCP/IP 协议，则需设置 IP 地址、子网掩码、网关地址、DNS 地址等。

（三）安装网络客户端

网络客户端可以提供对计算机和连接到网络上的文件的访问。

前三步同上面"配置网络协议"中的完全一样。

后面三步的设置不同：

1）在"单击要安装的网络组件类型"列表框中选择"客户端"选项，单击"添加"按钮，打开"选择网络客户端"对话框。

2）在该对话框中的"选择网络客户端"列表框中选择要安装的网络客户端，单击"确定"按钮即可。

3）安装完毕后，在"常规"选项卡中的"此连接使用以下项目"列表框中将显示安装的客户端。

（四）其他工作

1）设置文件和打印机共享服务——在配置标签中增加"Microsoft 网络上的文件与打印机共享"。

2）允许他人访问你的资源——在配置标签中单击"文件及打印共享"按钮，选中"允许其他用户访问我的文件"。

3）设置本机资源的访问控制——在网络控制标签中选中"共享级访问控制"。

（五）资源共享

右键单击"允许别人访问的目录或驱动器"，选择"共享"，在共享标签中选中"共享为"并输入共享名；在访问类型中根据安全要求可选中"只读"、"完全"或"根据密码访问"3 种不同级别。

以上三步做完后，其他用户就可以通过网络邻居访问你的共享资源了。

对等网中的其他计算机也按上述相同的方法进行设置，这样一个简单的网络就组成了。

三、实验与思考

进行以下改动，再重新观察结果：

1）将"添加网络通信协议"中的协议分别用"NetBEUI"和 TCP/IP，各自结果如何？

2）将"允许他人访问你的资源"中的"允许其他用户访问我的文件"取消掉，观察是否还能共享资源。

3）将"设置本机资源的访问控制"中的"共享级访问控制"改为"用户级访问控制"，观察是否还能共享资源。

实验三　Internet 接入

一、实验目的和要求

1）掌握局域网接入 Internet 的配置方法

2）熟悉测试网络的常用命令

3）理解 Windows XP 局域网接入的配置参数的含义

4）了解 Windows XP 操作系统环境下的网络设备状态检查

5）了解 Windows XP 操作系统环境下的网络测试

二、实验内容和步骤

Internet 提供了一个海量的资源共享的平台，要享受 Internet 中的资源必须将计算机接入 Internet。接入 Internet 必须要网络接入设备建立物理连接，其次是需要支持网络与计算机操作系统之间建立通信的软件，同时还需要根据网络环境配置计算机接入的网络参数。接入 Internet 有多种方式，这些方法适应不同的网络接入环境，常用的接入方式有局域网接入、宽带 ADSL 接入、无线接入等。

本实验项目是以局域网环境为背景，介绍接入 Internet 的基本方法和步骤。

计算机接入局域网的主要设备是网络适配器（网卡），如果没有网络适配器，或网络适配器不能正常工作，则会直接影响计算机接入网络，因此首先需要验证计算机系统中的网络适配器安装和运行状态是否正常。在网络适配器设备工作正常的前提下，根据网络环境来设置接入网络的参数，有时这些网络接入参数需要网络管理员提供。网络接入参数设置完成后，需要测试网络，以保障计算机接入网络正确，计算机能够正常地访问网络资源。以下分三个部分介绍计算机通过局域网接入 Internet 的方法。

1. 检查网络设备

Windows XP 操作系统有一个"设备管理器"工具，通过这个工具可以查看计算机安装的所有设备及运行状态。打开"设备管理器"的方法如下：

1）在桌面上选择"我的电脑"图标，单击鼠标右键弹出一个浮动菜单，在菜单中选择"属性"命令，打开"系统属性"对话框，选择"硬件"卡，如图 10-5 所示。

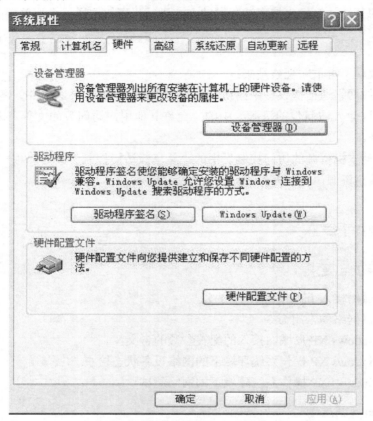

图 10-5　Windows XP 系统属性对话框

2）在"系统属性"对话框中的"硬件"卡中单击"设备管理器"命令按钮，打开设备管理器如图 10-6 所示。在设备管理器的列表中选择"网络适配器"项目，可查看网络适配器的安装状态。图 10-6 中所示为此计算机装有 1 个网络适配器，其型号为"Marvell Yukon Gigabit Ethernet 10/100/1 000Base-TAdapter，Copper RJ-45"。如果设备管理器中的计算机设备安装不正常或不能正常运行，将会有黄色的问号符号标识不正常的设备项。在此，网络适配器设备项目没有黄色的问号标识，说明网络适配器安装运行正常。

如果想进一步了解网络适配器的具体信息，可在"网络适配器"图标上，单击鼠标右键，在弹出的浮动菜单中选择"属性"命令，系统将打开该网络适配器的"属性"对话框。在网络适配器的"属性"对话框中一般有多个选项卡，根据选项卡的主题标识名称，查看你感兴趣的网络适配器的属性参数配置。需要说明的是，网络适配器的"属性"对话框中的内容是与网络适配器相关的，不同的网络适配器包含的属性内容可能不同。

选择网络适配器，然后单击鼠标右键，在弹出的浮动菜单中，还有"更新驱动程序"、"停用"、"卸载"等命令，通过选择不同的命令，可实现网络适配器的驱动程序更新、停用和卸载操作。

图 10-6　Windows XP 设备管理器操作界面

当网络适配器安装或运行不正常时，可以选择卸载网络适配器，重新安装；如果分析是由于驱动程序的原因，也可采用更新驱动程序的方法。也可直接修改网络适配器的属性参数设置（需要有足够的专业知识，建议一般情况下不要轻易地修改系统安装时的参数配置，否则可能会引起其他的计算机设备工作不正常）。

2．配置 Internet 网络

通过检查网络适配器的运行状态，确定网络适配器正常运行后，可进行网络连接配置的设置。网络适配器正常运行只能说明网络接入设备运行正常，要使计算机接入局域网还需要配置网络接入的参数（包括安装适当的协议、协议有关参数的配置）。对于 Windows XP 操作系统接入 Internet 网络的参数配置主要是 Internet 网络的 TCP/IP 协议的安装和 TCP/IP 协议参数的配置。安装和配置的方法和步骤如下：

1）在桌面上选择"我的电脑"图标，双击图标，在资源管理器中选择"网上邻居"图标，单击鼠标右键，在弹出的浮动菜单中选择"属性"命令，如图 10-7 所示。

2）打开"网络连接"，在网络连接中选择"本地连接"项目，单击鼠标右键，在弹出的浮动菜单中选择"属性"命令，如图 10-8 所示。打开"本地连接　属性"对话框。

3）在"本地连接　属性"对话框中的列表中选择"Internet 协议（TCP/IP）"选项，如图 10-9 所示。双击此选项打开"Internet 协议（TCP/IP）属性"对话框，如图 10-10 所示。

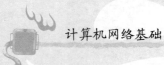

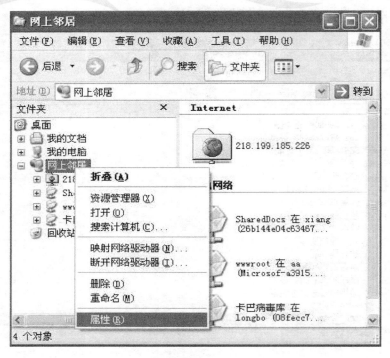

图 10-7　网上邻居

图 10-8　网络连接界面

图 10-9　Windows XP 本地连接属性

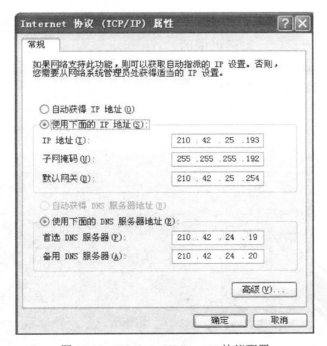

图 10-10　Windows XP Internet 协议配置

4）在"Internets 协议（TCP/IP）属性"对话框中有两个部分，一个部分是 IP 地址设置；另一个部分是 DNS 服务器地址设置。每个部分有 2 个选项，分别为自动获取和自定义。

如果选择自动获取 IP 地址和 DNS 服务器地址，则说明你所在的网络提供了 DHCP 服务，系统将自动向 DHCP 申请 IP 地址和获得 DNS 服务器地址。

如果你所在的网络没有提供 DHCP 服务，则需要配置 IP 地址和 DNS 服务器。你需要向本地网络的管理员申请一个 IP 地址和 DNS 服务器的地址。根据网络管理员提供的 IP 地址和 DNS 服务器地址配置你的网络。图中给出的是采用用户自定义的方式配置 IP 地址和 DNS 服务器地址。IP 地址配置有 IP 地址、子网掩码、默认网关 3 个设置项目：

① 本主机的 IP 地址，用来唯一标识这台主机。

② 本网络的子网掩码，用来标识该 IP 址所在的网络，如果子网掩码设置错误将会影响你访问网络的资源。

③ 网关 IP 地址，用来标识本网络的主机访问本网络以外的网络资源的所需要通过的关口，如果网关地址设置错误，主机将不能访问外部的资源。

3. 测试网络

通过前面两个步骤，计算机的网络设备和配置已经完成。若要验证网络的配置是否正确，则还需要通过测试进行验证。验证网络参数的配置和网络的连通性一般用到 IPConfig 和 Ping 两个命令。IPConfig 命令用来验证计算机接入 Internet 网络的参数配置情况；Ping 命令用来测试网络的连通性。在 Windows XP 环境下，运行系统命令是调用系统的 cmd.exe 程序，打开命令测试窗口。操作步骤如下：

（1）进入命令行窗口　单击"开始"→"运行"，打开"运行"对话框，如图 10-11 所示。在"运行"对话框中的文本框中输入"cmd"后，单击"确定"按钮，进入命令输入窗口。在窗口的标题中含有"cmd.exe"字样，背景为黑色、字体为白色，如图 10-12 所示。

图 10-11　打开运行命令窗口

图 10-12　查看网络配置参数

（2）查看网络配置并测试网络配置参数　在命令输入窗口中输入"IPConfig/all"命令后，回车。在窗口中显示计算机网络的配置参数。显示的结果有两个部分，一部分是 Windows IP Configuation，另一部分是 Ethernet adapter 本地连接。其中 Ethernet adapter 本地连接表示以太网的适配器（网卡）参数。如图 10-13 所示。

1）Physical Address：网络适配器的物理地址，00-02-B3-5C-2A-BD；

2）Dhcp Enabled：自动获取 IP，No；表示不启用自动 IP 获取功能；

3）IP Address：本网络适配器的 IP 地址，210.42.25.193；

4）Subnet Mask：本网络的子网掩码，255.255.255.192；

5）Default Gateway：默认网关 IP 地址，210.42.25.254；

6）DNS Servers：DNS（域名服务器）地址，210.42.25.19，210.42.24.20。

从上面的参数可以看出与前面的设置一致，说明网络参数配置正常。IPConfig 命令有多个命令参数选项，在命令窗口中输入"IPConfig ？"回车后，可查看该命令的参数选项和参数说明。如果只是执行"IPConfig"命令，则只是显示网络适配器的本地连接参数。

（3）测试网络　测试网络连通性常用的命令是"Ping"，主要是测试本主机能否与本地网络的另外一台主机之间进行通信。在网络配置中，配置了 DNS 服务器，其 IP 地址是 210.42.25.19。可以通过 Ping 该主机的 IP 地址来测试，如图 10-13 所示。在命令窗口中输入"ping 210.42.25.19"后回车。如果在命令窗口中能够显示与"Reply from 210.42.24.19：bytes ＝ 32 time<1ms TTL ＝ 63"相似的字样，则说明本主机可以通过网络适配器与其他主机之间连接。否则，说明本主机不能正常地与其他主机连接。这时就需要检查参数配置和网络的物理连接等，查出网络连接存在的问题。

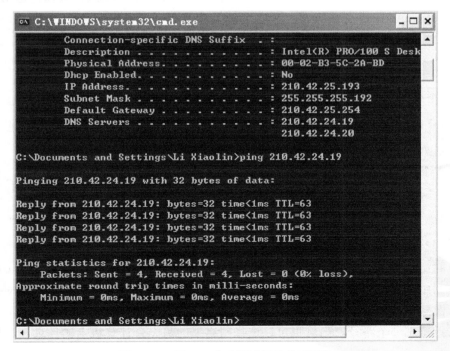

图 10-13　用 Ping 命令测试网络的连通性

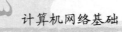

三、实验与思考

1）Windows XP 操作系统通过局域网接入 Internet 网络需要经过哪些步骤，每一步的意义和所设置参数的含义是什么？

2）如果你的计算机不能正常上网，应该从哪几个方面来检查问题，为什么？

3）在实验中配置的 IP 地址的网络号、主机号、子网号各是多少？

实验四　基于 Windows XP 架设 Web 服务器和 FTP 服务器

一、实验目的和要求

1）掌握 IIS 的安装。

2）掌握在 IIS 下架设 Web 服务器的方法。

3）掌握在 IIS 下架设 FTP 服务器的方法。

二、实验内容和步骤

（一）安装 IIS

在 Windows XP 专业版中，IIS 并不是默认安装的，而是作为可选的组件，现在我们要建立一个站点，就可以选择安装它，方法很简单，放入 Windows XP 光盘，然后运行光盘，在运行界面中选择添加组件，在弹出的对话框中选择 Internet 信息服务（IIS），然后单击确定安装即可。或者在"控制面板"中选择"添加 / 删除程序"，在弹出的窗口中选择"添加 / 删除 Windows 组件"，选择"Internet 信息服务（IIS）"，完成安装过程。

（二）架设 Web 服务器

1．架设 Web 站点

在控制面板中打开"管理工具"→"Internet 信息服务"，如图 10-14 所示。

图中有个"默认网站"选项，你既可以修改默认的 Web 站点为你的新站点，也可以重新命名一个新的 Web 站点，方法是在"默认网站"上单击鼠标右键选择重命名然后输入你想要的名字，大家可以自己随意修改。比如可以将其修改为"网络技术教学网"。

2．在 IIS 中配置有关的 Web 服务器

要想网站顺利运行还得配置 IIS，在命名后的站点上右击鼠标键选择属性如图 10-15 所示。在图中的"主目录"选项卡中定义网页内容的来源，图中设置为 E:\myweb，本地路径可以根据你的需要设置，一般从安全性角度上考虑不要设置在系统分区，可以在另外的分区重新建立一个路径。当然也可以选择网络上的另一台计算机上的目录，这样会更安全一些。

图 10-14　Internet 信息服务

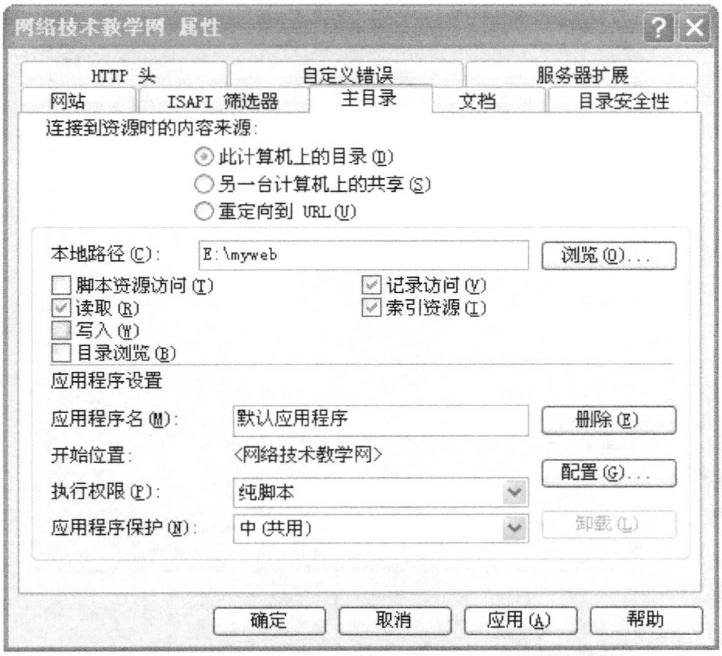

图 10-15　主目录选项卡的设置

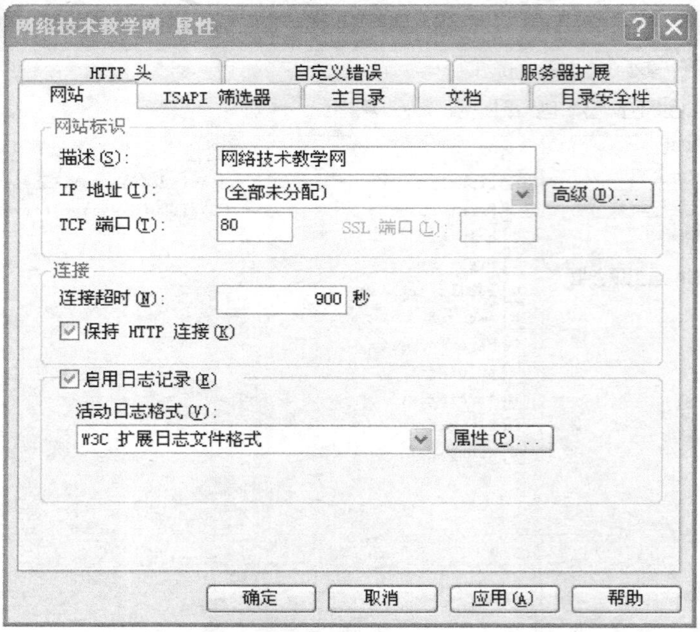

图 10-16　网站选项卡的设置

　　在图 10-16 所示的"网站"选项卡中可以设置网站的描述，指定 IP 地址，连接超时的时间限制，这些都可以根据实际需要来随意设置，但是为了保证计算机网络的安全性，我们最好设置一下日志记录，以便能很好地观察，这也是一个好的网管应该具备的素质。单击"属性"按钮打开"扩展日志记录属性"对话框，如图 10-17 所示。

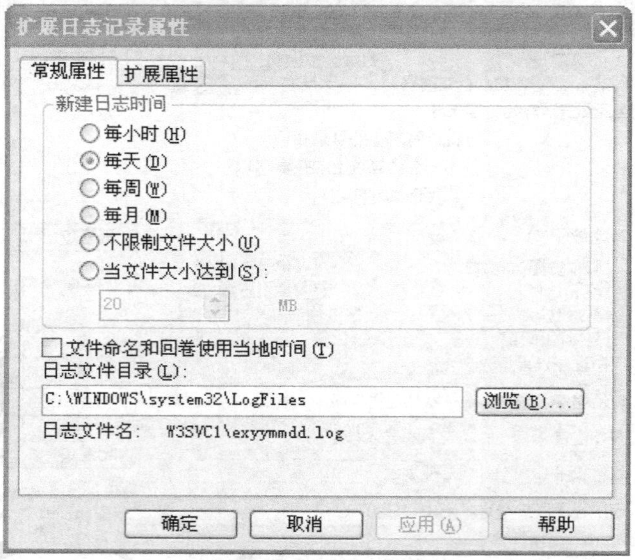

图 10-17　扩展日志记录属性

　　设置日志属性，一般新建日志时间设置为每小时，下面可以设置日志文件目录，自己设置一个日志存放的目录，不建议使用默认路径。

"文档"选项卡的设置如图 10-18 所示。确保"启用默认文档"一项已选中，再增加需要的默认文档名并相应调整搜索顺序即可。此项作用是，当在浏览器中只输入域名（或 IP 地址）后，系统会自动在"主目录"中按"次序"（由上到下）寻找列表中指定的文件名，如能找到第一个则调用第一个；否则再寻找并调用第二个、第三个……如果"主目录"中没有此列表中的任何一个文件名存在，则显示找不到文件的出错信息。

图 10-18　"文档"选项卡的设置

3．启动 Web 站点

上述设置好了之后即可启动 IE 了，在 IE 地址栏内输入 HTTP://localhost，回车后大家观察一下，是不是 IE 中显示出了你的网站啊！前提是网站要提前做好。当然这些都是最基本的设置，你还可以配置一些关于性能和安全的设置，例如限制带宽和哪些用户可以访问此 Web 页等，其实要想建立一个相对安全的网站，这些还远远不够，限于篇幅及本文的主题限制在此不再讲述了，有兴趣的读者可以参阅相关资料。

（三）架设 FTP 服务器

FTP 是 File Transport Protocol 的简称，其作用是使连接到服务器上的客户可以在服务器和客户机间传输文件。除 WWW 服务外，FTP 也算是使用最广泛的一种服务了。在此介绍一下利用 IIS 建立 FTP 服务器的方法。

在 WWW 服务里已经介绍过了，同 WWW 服务一样，IIS 有一个默认的 FTP 站，因此可以通过修改默认 FTP 站点来满足你的需要。

在默认 FTP 站点上单击鼠标右键，打开如图 10-19 所示的"FTP 站点属性"对话框。在"描述"一栏中输入"古道西风"，在 IP 地址栏中输入 172.30.32.52，端口默认为 21，一般不需要更改。设置连接，同 Web 服务器一样注意启用日志记录。

然后选中主目录对话框如图 10-20 所示。

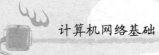

计算机网络基础

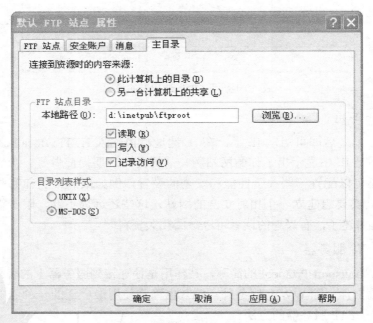

图 10-19　FTP 站点属性

图 10-20　主目录选项卡的设置

在"主目录"选项卡中的设置基本可按照图 10-19 所示的设置即可，指定目录的访问权限。一般选择读取，也可以后再指定访问权限，让管理员具有写入的权限，让一般访问者具有读取的权限。

在如图 10-21 所示的"安全账户"中根据自己的需要修改账户信息，如图 10-21 所示。"允许匿名连接"选项一定要勾选，否则用户访问此站点时需要用户名和密码。默认状态下是可以允许匿名访问的。用户名为 anonymous，密码为空。

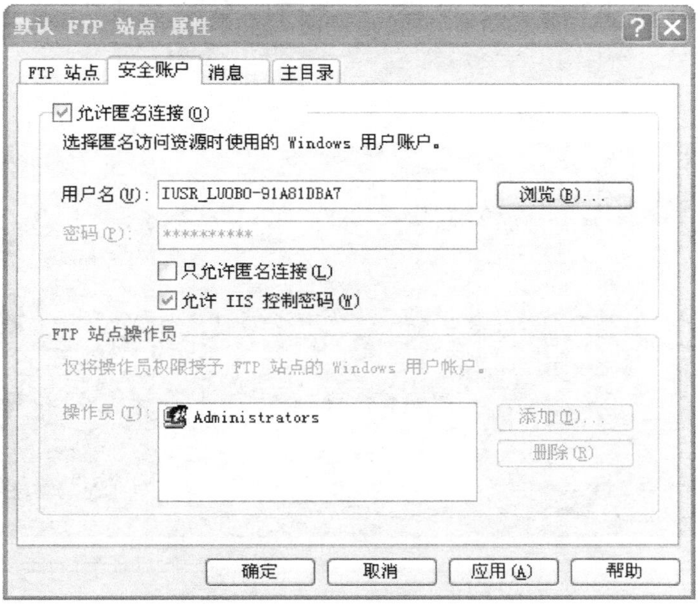

图 10-21　安全账户选项卡的设置

　　图 10-22 中的"消息"选项卡的设置可以定义用户访问 FTP 站点和退出站点时的信息以及最大连接数。当然你也可以根据自己的需要和爱好来设置。

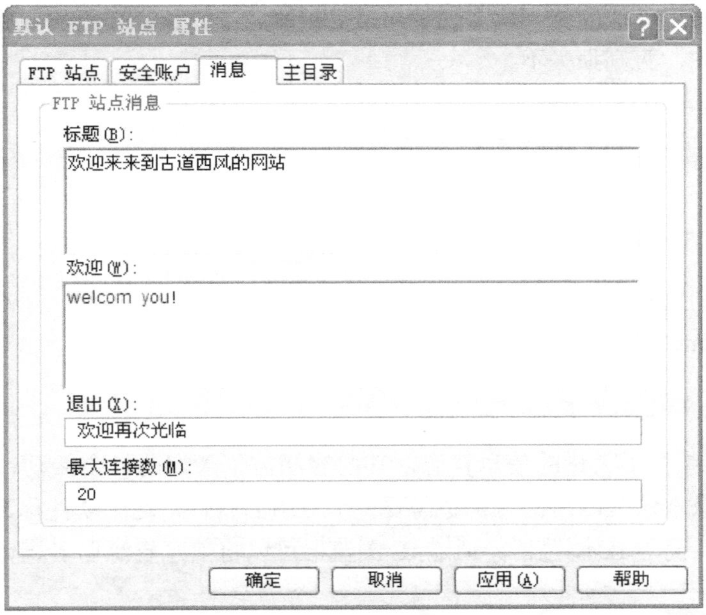

图 10-22　消息选项卡的设置

　　最后测试：在运行中，打开 cmd，然后输入 ftp 172.30.32.52（刚才设置的 IP 地址）并回车，输入用户名 anonymous。然后回车，要求输入密码，因为密码为空，按回车即可（日后为了网站的安全，可以设置禁止匿名访问，并加强密码设置，这里为了测试方便所以设置匿名用户）。如果结果和图 10-23 一样，那么 FTP 网站配置成功，剩下的就是你丰富自己的站点内容了。

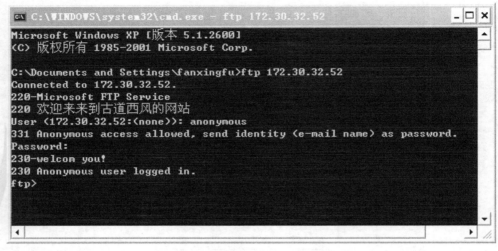

图 10-23　登录古道西风站点成功

三、实验与思考

当然基于 Windows XP 还有很多别的服务器可以架设，但个人网站一般经常使用的就是这两种服务器，所以其他的就不再多说了，最后提醒一下，建立自己的服务器，必须提高自己的网络安全意识，否则损失不小。

实验五　浏览器与信息检索

一、实验目的和要求

1）掌握 IE 浏览器的基本配置方法。

2）掌握 Internet 信息检索方法。

二、实验内容和步骤

Internet 网络包含了大量的信息资源，其内容涵盖了人们的社会活动、学习和日常生活等各个领域。要获取这些网络信息资源需要一个专用的软件，这个软件称为"浏览器"，即 Internet Explorer，简称 IE 浏览器。通过 IE 浏览器可以将信息资源以多媒体的方式展现在用户的面前。

由于 Internet 网络中的信息资源庞大、内容繁多，仅仅依靠超链接来搜寻所感兴趣的信息，效率是非常低的，因此需要有一个专用的信息资源的搜索软件帮助用户在 Internet 中查找所感兴趣的信息，这个软件称为搜索引擎软件。常用的搜索引擎软件有 Google、百度等。

1．IE 浏览器的应用与基本配置

（1）启动浏览器　单击"开始"→"程序"→"Internet Explorer"命令后，将启动 IE 浏览器，在地址栏中输入 http://www.edu.cn 回车后，进入中国教育和科研计算机网的主页面，如图 10-24 所示。如果你想浏览其他的网站，可直接在浏览器的地址栏中输入网站的域名地址（或网站的 IP 地址），也可直接单击主页中的超链接进入到新的页面。

图 10-24　中国教育和科研计算机网主页

（2）IE 浏览器的常规设置　IE 浏览器为用户提供了主页的设置功能，一旦设置了主页后，每当浏览器启动时，将首先访问该网站，而不用每次在浏览器的地址栏中输入网站的域名地址。设置方法如下：

1）打开浏览器设置。选择浏览器主菜单中的"工具"→"Internet 选项"命令，系统打开"Internet 选项"对话框。

2）设置浏览器常规选项。在对话框中选择"常规"选项卡，其中第一部分是主页，包括一个输入地址的文本框，使用当前页、使用默认页和使用空白页三个命令按钮。如果你想将当前正在浏览的网页设为主页面则单击"使用当前页"命令按钮；如果你想直接连接微软网站的主页，则单击"使用默认页"命令按钮；如果你想在启动 IE 浏览器后，不直接打开网页，则单击"使用空白页"命令按钮。如图 10-25 所示，在图中选用的是"使用空白页"命令按钮，地址栏中的内容自动更新为"about:blank"。

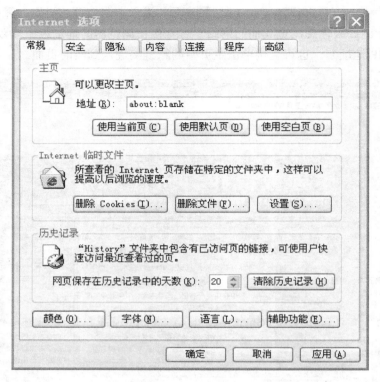

图 10-25　Internet 选项对话框

历史记录部分是为了提高访问过去访问过的主页的链接，使用历史记录可提供浏览网页的速度，但大量的网页链接信息存储在本地计算机中，将占用计算机的硬盘存储资源，你可根据计算机硬盘存储空间的大小来设置历史记录存放的时间（天数），控制历史记录占用硬盘空间的大小。

上面介绍的是在启动 IE 浏览器时打开的主页，但有时希望浏览器能够保存一些感兴趣的网站，这时就需要借助 IE 浏览器提供的"收藏夹"的功能。可以将感兴趣的网站保存在收藏夹中，下次浏览该网页时，直接单击收藏夹中项目，即可访问该主页。

2．Internet 信息检索

Internet 网络提供了大量的信息资源，搜索引擎为人们获取信息资源提供了良好的工具，信息搜索的方法在教材中有详细的介绍，在此不再重述。Internet 中的信息检索的方法是通过将要搜索内容的关键字提交给搜索引擎，搜索引擎将搜索的结果以页面的方式返回给用户，在返回的页面中将有关的信息以列表的方式显示在页面中，供用户浏览和选择。

（1）网站主页内搜索　在一些专业大型的网站的主页中提供了信息搜索的功能，用户可直接在搜索文本框中输入关键字来搜索所感兴趣的信息，如图 10-26 所示。例如在搜索文本框中输入"古道西风"后单击搜索命令按钮，搜索后的结果如图 10-27 所示。

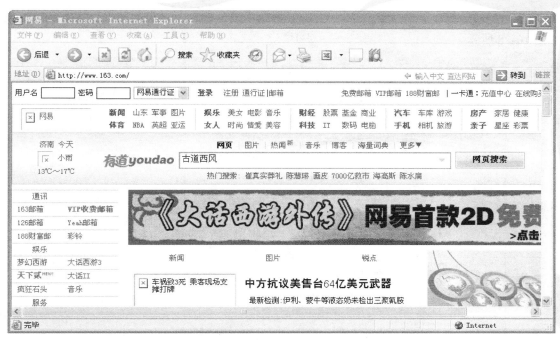

图 10-26 网站主页内搜索"古道西风"信息

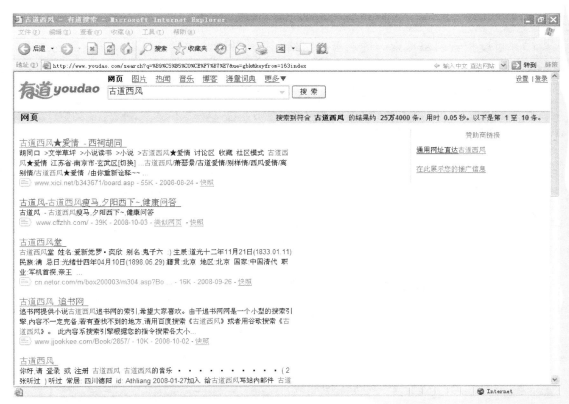

图 10-27 搜索结果显示

（2）Google 搜索引擎搜索　　进入 Google 网站主页，输入"古道西风"，搜索后的结果如图 10-28 所示。

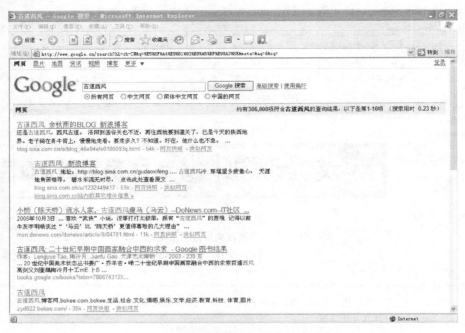

图 10-28　Goodle 搜索引擎的搜索结果

（3）百度搜索引擎搜索　　进入百度网站主页，输入"古道西风"，搜索后的结果如图 10-29 所示。

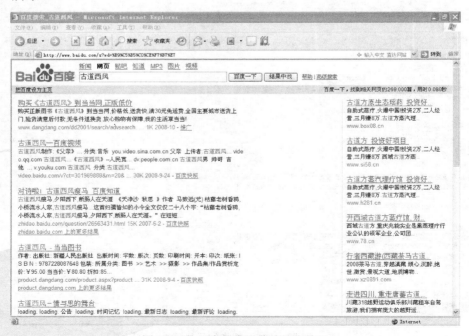

图 10-29　百度搜索引擎的搜索结果

三、实验与思考

1）试比较上面三种搜索的结果，分析各搜索引擎的特点。

2）搜索在中国中专学校开设"计算机网络基础"课程的学校、授课内容、实验内容，并对搜索的结果进行分类处理后保存在 Excel 表格中。

3）搜索中国计算机网络大赛的有关信息，并将搜索的结果处理后保存在 Word 文档中。

实验六　电子邮件

一、实验目的和要求

1）掌握电子邮件系统的常规应用技术。
2）掌握电子邮件收发的基本方法。
3）掌握常用的电子邮件软件的配置与应用方法。

二、实验内容和步骤

电子邮件是 Internet 网络提供最早的服务之一。本实验介绍如何申请免费的电子邮箱、电子邮件的收发以及个人邮箱的配置，测试申请免费的电子邮箱方法。

1．申请免费的电子邮箱

在使用电子邮件之前，首先需要获得一个电子信箱，电子信箱可分为付费和免费两类。在没有特殊要求的情况下可以通过 Internet 服务提供商或大型的网站申请一个免费的电子信箱。下面以申请网易提供的免费电子邮箱为例，介绍申请电子邮箱的方法（在其他网站上申请免费的电子邮箱方法与此类似）。申请网易免费邮箱的步骤如下：

（1）进入网易邮件服务主页　在浏览器的地址栏中输入 http://mail.163.com 的主页地址，打开网易电子邮件服务的主页，如图 10-30 所示。

用鼠标单击图中的"马上注册 >>"命令按钮，进入网易通行证页面如图 10-31 所示。

（2）申请邮箱用户名并注册用户信息　在通行证用户名栏目中填写用户名，例如用户名为"gdxf_2008"。在此页面中有许多用户注册信息需要填写，其中填写注册信息项目前有"*"符号的表示为必须填写，如图 10-32 所示。每一项的填写按照页面中给出的填写说明进行填写。用户注册信息的各项目填写完成后，单击该页面中的"注册账号"命令按钮。邮箱注册系统开始检查你所填写的用户注册信息。如果填写的注册信息正确，系统将根据你所填写的内容注册此用户，并进入成功注册页面，如图 10-33 所示。否则返回此页面，并提示用户需要重新填写的注册信息，重复上述步骤。

图 10-30　网易 163 免费邮箱申请主页

图 10-31　网易通行证页面

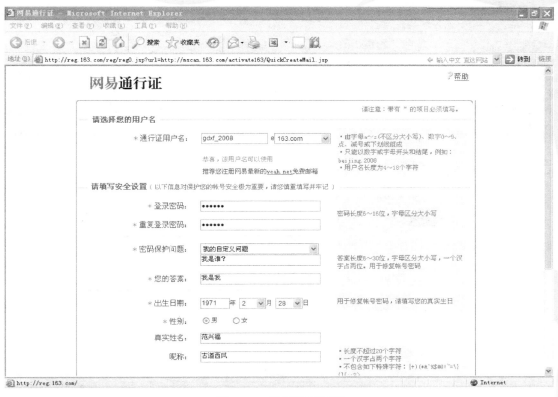

图 10-32　注册信息页面

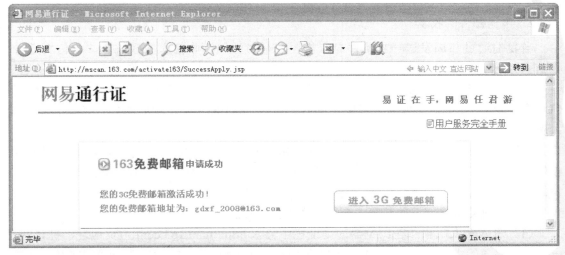

图 10-33　邮箱成功注册页面

（3）系统注册以及进入个人邮箱　如果用户注册成功，系统将返回一个页面提示信息，告诉用户免费电子邮箱申请成功并已激活，电子邮箱的地址为 gdxf_2008@163.com，如图 10-33 所示。这时可以单击"进入 3G 免费邮箱"，即可进入你申请的免费电子邮箱，如图 10-34 所示。

图 10-34　进入你申请的免费电子邮箱

2．电子邮件的收发

当我们通过邮局发送一封信件时，需要在信封上填写收信人邮政编码、收信人地址、收信人姓名、发信人地址和发信人邮政编码 5 个信息。发送电子邮件与通过邮局发送书信类似，也需要收信人的地址、收信人姓名、发信人地址，但除此之外，还可以给每封信一个主题，电子邮件的主题可以帮助收信人在查看电子邮件时能够知道该邮件的内容主题。

发送电子邮件与邮局发送信件不同的是用户不需要填写收信人姓名和发信人地址。在收信人的地址中除了包含了收信人的邮箱所在的邮件服务器外，还包含了收信人的姓名。而发信人的地址是由电子邮件系统在发送电子邮件时自动加上的，不需用户填写。

下面通过测试已申请的邮箱，介绍发送邮件的方法。

（1）进入个人邮箱　在浏览器的地址栏中输入 http://mail.163.com 主页地址，打开网易电子邮件服务的主页。在登录 163 免费邮箱部区域中，输入用户名和密码，并单击"登录邮箱"命令按钮。浏览器将打开"163 免费邮"页面。

（2）书写电子邮件　单击"写信"，页面将切换到写信界面，如图 10-35 所示。在收件人栏目中输入收信地址"gdxf_2008@163.com"。在主题栏目中输入"发一个邮件看看吧"。在正文部分输入"测试免费邮箱"。

图 10-35　写邮件的页面

（3）发送和接收电子邮件　单击"发送"命令按钮，系统将电子邮件发送到指定的收件人信箱中。电子邮件系统将会有一个提示信息告诉用户邮件是否发送成功。如果发送成功，用户可以单击"收信"命名按钮，这时邮件系统将会切换到收信界面，如图 10-36所示。此页面中的"收信箱"后面有"（2）"，表示邮箱中有两封未读的电子邮件，在收件箱的主窗口中有邮箱中电子邮件的列表，选择主题为"发一个邮件看看吧"项，单击后，将打开此邮件，可查看邮件的内容。通过上面的电子邮件的收发，测试申请的网易 163 电子邮箱成功。

3．电子邮件的附件

用户在使用电子邮箱收发电子邮件的过程中，经常需要将一些资料（如 Word 文档、Excel 电子表格或图片等）同电子邮件一起发送给收信人，这时就需要用到电子邮件的附件功能。电子邮件的附件就是将一个文件（可以是 Word 文档文件、图形文件等）直接按原文发送给收件人。电子邮件中添加的方法如下：单击主题栏下的"添加附件"，系统将打开"选择文件"对话框，在此选择图片文件夹下的一个图片作为附件，并单击"选择文件"对话框中的"打开"命令，则所选择的图片文件自动添加到邮件的附件中。一个邮件可以有多个附件，每添加一个附件的操作步骤都相同。

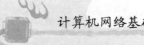

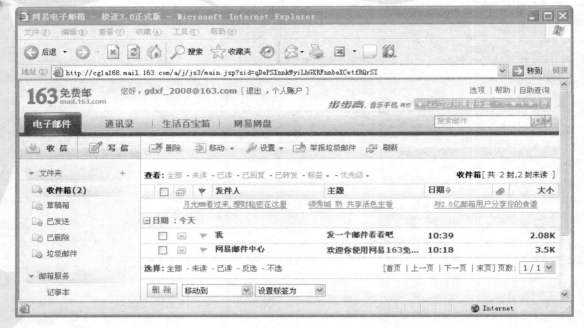

图 10-36　收信界面

三、实验与思考

1）在商业网站上申请一个免费的电子邮箱，测试申请的免费邮箱。

2）用申请的免费邮箱给你的老师发送一封带附件的电子邮件，并转发给全班同学。

3）电子邮件在邮件系统转发的过程中是否需要收信人的地址，电子邮件的地址包含有哪些信息？

4）发送电子邮件用到什么协议？

实验七　文件传输

一、实验目的和要求

1）掌握文件的上传和下载方法。

2）熟悉文件服务目录的管理。

二、实验内容和步骤

文件传输服务是目前 Internet 广泛的应用之一。电子邮件可以通过附件来传输文件，但是电子邮件的附件文件一般都比较小，不适合传输大型的文件，而且速度慢。文件传输服务是专为 Internet 用户提供大型文件传输的服务，文件传输服务具有传输速度快，网络带宽利用率高等的特点。

（一）登录文件服务器

IE 浏览器不仅可以网上浏览，而且还集成了文件传输服务的功能。登录文件服务器的方法有多种。下面以主机域名地址为 ftp.microsoft.com 的文件传输服务器为例，介绍登录文件服务器的方法。

一般来讲为了便于文件传输服务系统的管理，文件传输服务器中的目录和文件都设置有访问权限，这些权限包括读取、写入、创建目录以及它们的组合等。不同的用户账号具有不同的访问文件传输服务的权限。

1．匿名账号

一般只有读取的权限，即下载文件。不具有上传、创建权限。文件传输服务系统的用户如果以匿名账号登录，则不需要验证用户。如前面的登录文件传输服务器时只需要给出服务器的 IP 地址（或域名地址）和端口号（在此，文件传输服务器的端口号采用默认的文件传输服务的端口 21）。

2．用户账号

在文件传输系统中，有些资源是可以向任何用户提供服务，而有些资源只对部分用户开放，因此文件传输服务系统需要设置用户账号来管理用户权限控制资源的访问。

用户账号是由文件传输服务系统管理员为了便于管理和维护信息资源，将不同的文件目录设置不同的访问权限，并将这些权限赋给相应用户的一种管理方法。

3．匿名账号登录

（1）通过运行方式登录文件服务器

1）单击"开始"→"运行"，打开"运行"对话框，如图 10-37 所示。

2）在"运行"对话框的地址栏中输入"ftp://ftp.microsoft.com"，如图 10-37 所示。单击运行对话框中的"确定"按钮。系统将打开 IE 浏览器，并列出文件服务器中的目录，如图 10-38 所示。

（2）通过浏览器登录传输文件服务器　除了上面介绍的方法，还可以直接打开浏览器，在浏览器的地址栏中输入"ftp:// ftp.microsoft.com"后回车，也可登录到文件传输服务器。

图 10-37 "运行"对话框

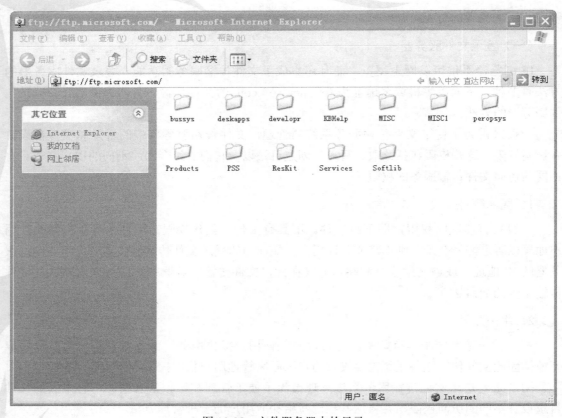

图 10-38　文件服务器中的目录

4．用户账号登录

如果用户已经用匿名账号通过 IE 浏览器登录文件服务器后访问具有权限控制的文件目录（文件夹）时，则会弹出一个"FTP 文件夹错误"对话框，提示用户检查是否有权限访问该文件夹。说明当前的用户账号没有访问该文件目录的权限，需要特定的用户账号访问。

1）当访问某个文件夹出现错误提示时，将鼠标的光标移动到 IE 浏览器的主窗口中，单击鼠标右键，弹出一个浮动菜单，在浮动菜单中选择"登录"。并用鼠标左键单击后，系统弹出一个"登录身份"对话框。

2）在"登录身份"对话框中给出了 FTP 服务器的 IP 地址、用户名和密码栏。在用户名和密码栏中输入用户账号的名称和密码后，单击"登录"按钮，文件服务器将依据用户名和密码来验证用户的合法性。如果用户账号合法，具有访问该文件夹的权限，则可进入访问的文件夹，并显示该文件夹中的内容。

3）用户可以直接用特殊的用户账号登录，其方法是在浏览器的地址栏中直接输入"ftp://用户名 : 用户密码 @ 文件服务器的 IP 地址 : 端口 / 目录"。

（二）文件上传与下载

采用复制粘贴命令下载文件的步骤如下：

1）用指定的用户账号登录文件服务器，进入指定的文件目录。

2）选中下载文件并单击鼠标右键，弹出一个浮动菜单，在菜单项中选择"复制"命令。

3）打开"我的电脑"，进入存放下载文件的文件夹，单击鼠标右键，弹出浮动菜单。在菜单项中选择"粘贴"命令。被下载的文件将会复制到当前的文件夹中。

采用复制粘贴命令上传文件的步骤如下：

1）打开"我的电脑"，进入存放准备上传文件的文件夹。

2）用指定的用户账号登录文件服务器，打开存放上传文件的文件夹。

3）选中要上传的文件并单击鼠标右键，在弹出的浮动菜单中选择"复制"命令。

4）选中存放上传文件的文件夹并单击鼠标右键，在弹出的浮动菜单中选择"粘贴"命令，上传文件将会存放在指定的上传文件夹中。

也可以采用拖放操作实现上传文件和下载文件。

（三）文件传输软件 CuteFTP

CuteFTP 是一个基于文件传输协议的软件。它具有相当友好的图形化界面，其操作方式与 Windows XP 的资源管理器类似，用户登录建立与 FTP 服务器的连接后，只需用鼠标就可完成文件的上传和下载。CuteFTP 软件的界面，如图 10-39 所示。

CuteFTP 可同时连接多个 FTP 服务器，并可在需要时随时切换，除了可以实现 FTP 服务器与本地计算机之间的文件传输外，还可以实现不同的 FTP 服务器之间的文件传输。文件的上传和下载采用鼠标拖放操作，如同本地将一个文件从一个文件夹拖到另一个文件夹一样简单。

CuteFTP 软件的下载与安装。可以通过搜索引擎用关键字"CuteFTP"搜索可以下载该软件的网站。下载完 CuteFTP 软件后，即可执行安装程序安装 CuteFTP 软件。

（1）设置 FTP 连接　执行 CuteFTP 的主菜单"文件"→"新建"→"FTP 站点"命令，打开站点属性设置对话框。选择常规卡，在标签栏中输入微软网站；在主机地址栏中输入 FTP 服务器的域名地址 ftp.microsoft.com；在用户名栏目中输入用户名（询问 FTP 系统管理员，在这里我们用匿名的用户名"snonymosw"）；在密码栏目中输入用户密码（询问 FTP 系统管理员，在这里我们使用自己的邮箱，如"gdxf_2008@163.com"）；在登录方式栏中选择匿名（anonymous）。选择完后单击"连接"按钮。如果输入的主机地址、用户名和用户密码正确，则将建立与 FTP 服务器的连接，并在软件左边窗口的站点管理（Site Manager）中添加一个"微软网站"项，如图 10-40 所示。

（2）文件的上传与下载　首先切换至本地目录，找到需要上传的目录或文件，用鼠标将它拖至服务器目录区相应的目录中，释放鼠标，这时 CuteFTP 开始上传文件。

下载是上传文件的逆向操作，登录 FTP 服务器后，在服务器目录列表中找到需要下载的目录，直接用鼠标拖动到本地磁盘目录中即可完成文件的下载。

文件传输软件除了 CuteFTP 以外还有专门用于下载的软件，如 FlashGet、迅雷等。这些专用的下载工具软件具有速度快、断点续传的功能。这些免费的下载软件可以从 Internet 上下载。

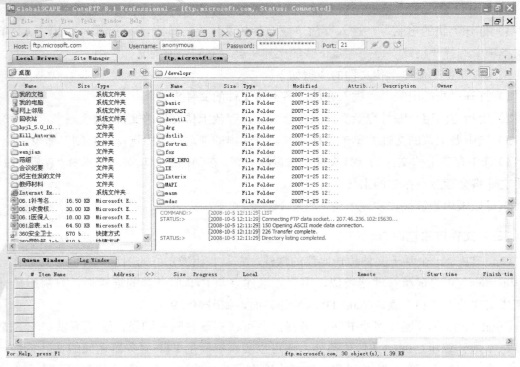

图 10-39　CuteFTP 软件的界面

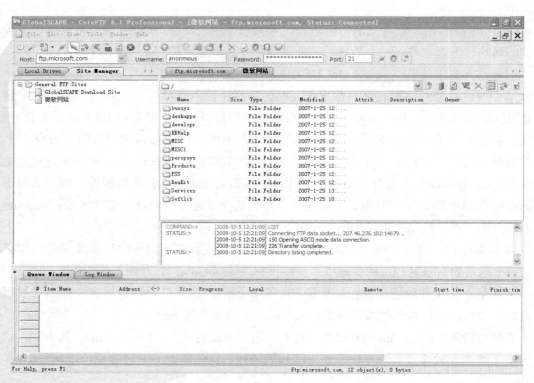

图 10-40　新建站点的效果

三、实验与思考

1）利用 IE 浏览器登录 FTP 站点，下载文件到本地桌面上。

2）在网上下载 CuteFTP 软件，安装后重复上面的实验，试与采用 IE 浏览器方式下载和上传文件进行比较。

3）何谓匿名账号，该账号的作用是什么？

4）下载和安装 FlashGet，学习用 FlashGet 从下载网站上下载压缩工具软件。

简单实用的 HTML 代码

一、HTML 各种命令的代码：

1. 文本标签（命令）

\<pre\>\</pre\>	创建预格式化文本
\<h1\>\</h1\>	创建最大的标题
\<h6\>\</h6\>	创建最小的标题
\<b\>\</b\>	创建黑体字
\<i\>\</i\>	创建斜体字
\<tt\>\</tt\>	创建打字机风格的字体
\<cite\>\</cite\>	创建一个引用，通常是斜体
\<em\>\</em\>	加重一个单词（通常是斜体加黑体）
\<strong\>\</strong\>	加重一个单词（通常是斜体加黑体）
\<font size=?\>\</font\>	设置字体大小，从 1 到 7
\<font color=?\>\</font\>	设置字体的颜色，使用名字或十六进制值

2. 图形（命令）

\<img src=" name" \>	添加一个图像
\<img src=" name" align=?\>	排列对齐一个图像：左中右或上中下
\<img src=" name" border=?\>	设置围绕一个图像边框的大小
\<hr\>	加入一条水平线
\<hr size=?\>	设置水平线的大小（高度）
\<hr width=?\>	设置水平线的宽度（百分比或绝对像素点）
\<hr noshade\>	创建一个没有阴影的水平线

3. 链接（命令）

\<a href=" URL" \>\</a\>	创建一个超链接
\<a href=" mailto:EMAIL" \>\</a\>	创建一个自动发送电子邮件的链接
\<a name=" NAME" \>\</a\>	创建一个位于文档内部的标签
\<a href=" #NAME" \>\</a\>	创建一个指向位于文档内部靶位的链接

4. 格式排版（命令）

\<p\>	创建一个新的段落

\<p align=?\>	将段落按左、中、右对齐
\<br\>	插入一个回车换行符
\<blockquote\>\</blockquote\>	从两边缩进文本
\<dl\>\</dl\>	创建一个定义列表
\<dt\>	放在每个定义术语词之前
\<dd\>	放在每个定义之前
\<ol\>\</ol\>	创建一个标有数字的列表
\<li\>	放在每个数字列表项之前，并加上一个数字
\<ul\>\</ul\>	创建一个标有圆点的列表
\<li\>	放在每个圆点列表项之前，并加上一个圆点
\<div align=?\>	一个用来排版大块 HTML 段落的标签，也用于格式化表

二、HTML 基本语法

文件格式 \<html\>\</html\>（文件的开头与结尾）

主题 \<title\>\</title\>（放在文件的开头）

文头区段 \<head\>\</head\>（描述文件的信息）

内文区段 \<body\>\</body\>（放此文件的内容）

标题 \<h?\>\</h\>（?=1~6，改变标题字的大小）

标题对齐 \<h align=right,left,center\>\</h\>

字加大 \<big\>\</big\>

字变小 \<small\>\</small\>

粗体字 \<b\>\</b\>

斜体字 \<i\>\</i\>

底线字 \<u\>\</u\>

上标字 \<sup\>\</sup\>

下标字 \<sub\>\</sub\>

居中 \<center\>\</center\>

居左 \<left\> \</left\>

居右 \<right\> \</right\>

基本字体大小 \<basefont size\>（取值范围是 1~7，默认值为 3）

改变字体大小 \<font size=?\>\</font\>（?=1~7）

字体颜色 \<font color=#rrggbb\>\</font\>（RGB 色码）

指定字型 \<font face=?\>\</font\>（?= 宋体，楷体等）

网址链接 \<a href="URL"\>\</a\>

设定锚点 \<a name="?"\>\</a\>（? 以容易记为原则）

链接到锚点 \<a href="#?"\>\</a\>（同一份文件）

\<a href="URL#?"\>\</A\>（锚点不同文件）

显示图形 \<img src="URL"\>\</a\>

图形位置 <img src="URL" align=top,bottom,middle,left,right>（分别为上、下、中、左、右的位置）

图形取代文字 <img src="URL" alt=?>（无法显示图形时用）

图形尺寸 <img src="URL" width=? height=?>（? 以像素为单位）

连接图形边线 <img src="URL" border=?>（? 以像素为单位）

图形四周留白 <img src="URL" hspace=? vspace=?>（? 以像素为单位）

段落 <p></p>

断行
</br>

横线 <hr>

横线厚度 <hr size=?>（? 以像素为单位）

横线长度 <hr width=?>（? 以像素为单位）

横线长度 <hr width=?%>（? 与页宽相比较）

实横线 <hr noshade>（无立体效果）

背景图案 <body background= 图形文件名 >（图形文件格式为 gif 和 jpg）

背景颜色 <body bgcolor=#rrggbb>（RGB 色码）

背景文字颜色 <body text=#rrggbb>（RGB 色码）

未链接点颜色 <body link=#rrggbb>（RGB 色码）

已链接点颜色 <body vlink=#rrggbb>（RGB 色码）

正在链接点颜色 <body alink=#rrggbb（RGB 色码）

参 考 文 献

[1] 王协瑞. 计算机网络技术 [M]. 北京：高等教育出版社，2004.

[2] 段标. 计算机网络技术与应用 [M]. 北京：高等教育出版社，2005.

[3] 斐有柱. 计算机网络技术 [M]. 北京：电子工业出版社，2002.

[4] 高传善. 数据通信与计算机网络 [M]. 北京：高等教育出版社，2002.

[5] 徐志伟. 因特网之后是什么？网格技术探讨. http://www.amteam.org/k/ITSP/2003-9/470497.html.

[6] 李申科. 让你期待的"第三代互联网技术网格". http://it.cpst.net.cn/net/2007-08/186708404.html.

[7] 庞亚红. 网格技术漫谈. http://www.net130.com/2004/12-2/101835.html.

[8] 金海. 中国网格技术的发展及现状. http://www.edu.cn/20031030/3093557.shtml.

[9] 王淼. 移动 IPv6 技术简介. http://www.nefu.edu.cn/nic/ipv6/ip20040411052.htm.

[10] 路由器集群技术. http://www.veip.cn/arc_746510.html.

[11] 七层整合应用. http://diy.21tx.com/2006/10/30/12590.html.

[12] 高端交换机新境界"集成服务". http://www.zxbc.cn/html/20080521/42552.html.

[13] 互联网周刊. http://www.ciweek.com/ciweek/.